MATHEMATICIANS
AN OUTER VIEW OF THE INNER WORLD

マリアナ・クック=写真　冨永星=訳

森北出版

MATHEMATICIANS by Mariana Cook
Copyright © 2009 by Mariana Cook

Japanese translation published by arrangement with
Russell & Volkening, a subsidiary of Massie & McQuilkin through
The English Agency (Japan) Ltd.

Contents

はじめに
7

序　文
8

数学者たちの肖像
11

おわりに
197

数学者の一覧
198

はじめに ── マリアナ・クック

> 美は真であり、真は美である
> ──それこそが、あなたがこの地上で知っているすべて、
> 知るべきすべてなのだ。
>
> ジョン・キーツ『ギリシャの古壺のオード』より

　数学者は格別だ。ほかの人たちとは違う。見た目はわたしたちに似ているとしても、同じではない。だいいちほとんどの数学者は、わたしたちよりはるかに頭が切れる。世界をきわめて洗練された形で抽象的に理解することができ、自分たちが「数学的対象」と呼ぶものを何十個も頭のなかで動かすことができる。そうやって何年も、たった一つの問題に取り組むのだ。

　数学では、真であることが究極の拠り所とされる。定理は、証明されて初めて真といえるのだ。10年かけて取り組んだ結果がたった1ページの証明である場合も多い。簡潔にして美しい証明。わたしはこれまでに、さまざまな人々の写真を撮ってきた。画家、作家、科学者、などなど。数学者たちは自分の仕事について語るとき、「優美さ(エレガンス)」とか「真」とか「美」といった言葉を、ほかの分野の人々が束になっても敵わないくらい多用する。

　数学者には公正さという縛りがある。紙と鉛筆を使って未解決の問題を解く人は（年齢や人種や国籍や経済的な環境に関係なく）誰でも、一夜にして数学共同体の上層に躍り出る可能性がある。科学者と違って、実験室がなくても仕事ができる。数学は、創造性を追い求める活動のなかでもっとも民主的だ。なぜなら、成功したかどうかを判断するのは同僚の数学者だから。数学者に求められるのは、正直さと良心。そしてその仕事は、政治的な境界を超える。

　このプロジェクトの終わり頃に写真を撮った数学者の一人に、最若手のマリアム・ミルザハニがいた。わたしは彼女に向かって、まずそもそもなぜ数学に関心を持ったのかという漠然とした質問を投げかけ、それからその仕事が具体的にどういうものなのかを尋ねた。すると彼女は困ったようにこちらを見た。自分が語りうる内容をわたしがどれくらい理解できるのか、推し量ろうとしているようだった。その気づかいに、わたしは胸を打たれた。それから彼女は机の上のカップを手に取ると、その取っ手の形について語り始めた。その形をどんなふうに変えることができて、その過程でどのような数学の問いや答えが生まれるのかを。その話をほんの少しだけ理解できたわたしはすっかり気をよくして、すでに写真を撮り終えていたもう一人の数学者デニス・サリヴァンが、自分のカップを手に取って、まったく同じようなやり方でトポロジーの説明をしてくれたといった。すると彼女は、「デニスは数学におけるわたしの祖父なんですよ！」と叫んだ。では数学の父は？とお思いの方のために付け加えておくと、この二人をつないでいるのはカーティス・マクマレンである。数学者の世界にははっきりした血縁関係が存在していて、学生は教授が自分たちに傾けてくれる努力と時間に感謝して、自分も同じように次世代を育む。

　当時12歳だった娘に、わたしたちが知っているような生命が別の銀河にも存在していると思う？と尋ねられたことがある。そのときわたしは、あるかもしれないね、と答えたが、もしそのような銀河があるとしたら、一つ、確信を持っていえることがある。かりにそれらの銀河と意思疎通できる思索家がいるとしたら、それは数学者である。なぜかというと、真理を説明するための概念を表す言語体系を作ってきたのは数学者だからだ。わたしたちは宇宙のどこにいるのか。形を変える距離や面積を、どのようにして測るのか。どうすれば音から太鼓の形を決められるのか。無限は存在するのか。概念を表す実際の表記法は違っていても、双方の数学者はともに相手の言語のなかにパターンを見い出せるはずだ。彼らは記号を解読し、相手を理解しようとする互いの努力に敬意を払いつつ、すぐにその概念をやりとりし始める。数学者でないわたしたちにとって、それはとても幸運なことなのだ！

序　文 ── ロバート・C・ガニング

　数学は、人類が達成したもっとも偉大なものの一つである。バビロニアや古代エジプトで測量や建築に使われたことから始まって、近年の驚異的な研究や活用の拡大に至るまで、長い間、人類の重要な活動であり続けている。ギリシャ数学が栄える頃には、使えるから重要だというだけではなく、大きな知的試みとなっていて、この頃すでに備わっていた抽象性と厳密さは、今も数学の重要な特徴である。

　数学には、蓄積するという際立った性質がある。おそらく人類の活動のなかではただ一つ、真に積み重ねがきくのだ。ユークリッド幾何学以来のおなじみの公理的アプローチ、そしてもちろん古代ギリシャ人が展開した幾何学の主要部分は、今も数学の重要な部分であり続けている。素数が無限に存在するというユークリッドの証明や、πが無理数であるというピタゴラスの認識は相変わらず正しく、いまだに数学科の若き学生たちが教わる標準的な成果となっている。対象を輪切りにして体積を算出する方法、アルキメデスが考察したこの方法は拡張されて、ニュートンやライプニッツが開発した微分積分学のツールを応用され、カヴァリエリの原理〔不可分の方法とも。たとえば、切り口の長さ（面積）が常に等しい二つの平面図形（立体図形）の面積（体積）は常に等しいという結果〕に組み込まれた。さらに、20世紀初頭にルベーグらが一般的な測度や積分を発展させて解析学のより強力な新たなツールが展開されると、今度はこの方法が展開されてフビニの定理となったのだ。

　古代ギリシャの人々は平行線公理に奇妙な性質があることに気づき、この公理のほんとうの性質を探り始めた。そしてこのような研究が続いた結果、19世紀に非ユークリッド幾何学が展開されることになり、そこから微分幾何学のさらに広範な展開が始まったのである。この蓄積が利くという性質、いったん証明されたものは──その多くが時とともに忘れられるとしても──決してほんとうの意味で失われることがないという事実からも、数学の主要部分がいかに広範かがわかる。長い年月をかけて展開されてきた結果を効率的に思い出して理解するには、膨大な数の個別の結果や観察を組み合わせ、きちんと把握できて研究のツールになるさらに一般的で抽象的な構造を作るしかない。こうして作られた抽象的なツールもまた、継続的な研究のなかで拡張され分析されてゆき、今度はこれらを効率的に想起し理解するために、それらを組み合わせ、さらに抽象的で一般的な構造を作るしかなくなるのである。

　このように、数学が広範で積み重ねが利くものであるがゆえに、現代数学の真の性質を数学の外の人々に十分に伝えることはむしろ難しくなる。むろん誰もがさまざまな数学を使っていて、理解もしている。ビジネス、商業、建築といったさまざまな基本的活動が、役に立つ、あるいは機能するものとしての数理的なツールに頼っており、なかにはきわめて抽象的で一般的なツールもある。もっともその抽象性や一般性はコンピュータや電子機器に埋め込まれ、巧みに隠されているのだが……。数独やルービックキューブに魅せられている人なら誰でも、数学の魅力や真の面白さに触れたことがあるはずだ。（$1=9-8=3^2-2^3$ だけが、差が1の自明（トリビアル）でない二つの整数冪（べき）の唯一の例であるという）カタラン予想、あるいは（$x^n+y^n=z^n$ は n が2より大きい整数であるとき、自明でない整数解を持たないという）フェルマーの最終定理といった平易な言葉で述べられる難問からも、──これらの解はかなり巧妙で、まったく自明ではなかったり、並外れて難しかったりするのだが、──数学が魅力的で愉快でありうることがわかる。そのくせ、人々を惹きつけてやまない数学の絶対的な魅力と美しさを真の意味で感じてもらうのはきわめて困難なのだ。数学の構造の壮大さ、さまざまな難問の背後に実は共通の要素が潜んでいることに気づいたときの喜び、さらには困難な計算にひたすら集中し続けてついにそれを成し遂げたときの喜び、あるいはいまだかつてない意義深い数学的構造を誰よりも早く考えついたときの喜びを伝えることは、じつに難しい。数学を深く味わうには、数学への理解が欠かせない。ところがその理解は、数学の巨大な構造に関する十分な知識を得て、推論や証明を追えるようになったときに初めて得られる。ベートーヴェンの後期の四重奏曲をベートーヴェン自身のやり方でしか楽しめないとしたら、つまり書かれている楽譜を読んで頭のなかでその音楽を聴くしかないとしたら、音楽の真価を教えることがいかに困難になるかを想像してみていただきたい。今日の数学研究を牽引しているいくつかの問題──たとえば、最初に広く認められる解を発表した人物に100万ドルの報奨金が与えられる、クレイ数学研究所の七つのミレニアム問題──の意義を伝えるだけ

でも、きわめて困難なことなのだ。ポアンカレ予想に関しては、これまでにたくさんの本がまとめられてきた。これは3次元球面の特徴付けに関する予想であり、答えと思われるものが最初に提示されたミレニアム問題で、少なくとも普段の言葉でざっくり述べられる問いなのだが、ホッジ予想やナヴィエ・ストークス方程式やバーチ・スウィナートン＝ダイヤー予想〔いずれもミレニアム問題〕となると、かなりの背景知識がなければ、真価を味わうどころか理解することも難しい。

　だからといって、数学者たちが数学の本質や楽しさを外部の人々に説明する努力を放棄しているわけではない。「数学を味わおう」とか「詩人のための数学」といった講座が設けられている大学は多く、なかにはきわめて人気が高い講座もある。だがこういった講座でさえ、困難な現代を忙しく生きる大勢の人々が思っている以上の努力と作業が求められる。数学パズルやパズル本はたくさんあり、個々の具体的な数学のトピックに関する一般向けの記事もかなり定期的に紙面に登場しているが、それでも実際に起きていることの上っ面をなぞる程度のぼんやりした理解をもたらすだけということが多い。

　この本は、数学の本質をより広く味わってもらうためのもう一つのアプローチを提供するためのものだ。事の起こりはブランドン・フラッドの思いつきで、彼はそのアイデアを見事に結実させた。1980年代にプリンストン大学の学部生として数学を専攻したフラッドは、その頃から、未来を嘱望される数学者の卵や一般の人々にいかに数学を教えるか、ということに関心を持っていた。そして、マリアナ・クックのエレガントな科学者の肖像作品集に出会うと、数学者だけを対象とする類似の本を作ろうと思い立った。現役の数学者の写真と、彼らの人生や考えや数学をする動機についての短い説明を収めた本を作ろう。フラッドには、クック女史がとびきりの写真家であることがわかった。言葉を交した相手についての視覚に訴える記録を作るだけでなく、相手の人となりのいくつかの側面を引き出すことができる人物。この人になら、どのような人々が数学を圧倒的に楽しい挑戦課題だと感じているのか、彼らがなぜ実は骨の折れる感動的な活動を行っているのかを浮かび上がらせることができるだろう。二人が手を組んだ結果、この一冊が生まれた。取り上げたのは、じつに多種多様な数学にこれまた多種多様な動機から取り組んできた世界中の92名ほどの数学者で、各自の写真だけでなく、一人ひとりの言葉を通して、何が自分を数学に向かわせたのかが語られている。対象となった数学者は今日の「トップクラス」の数学者の一覧を作るために選ばれたわけではなく、その顔ぶれはどちらかというと行き当たりばったりだった。このプロジェクトは、ブランドン・フラッドのプリンストン時代の教師や友達だった数人の数学者から始まり、彼らのアドバイスを受けて、今日いかに多様な人々が数学をしているのかを伝えるという目的のもとに、世界中の数学者へと広がっていった。この本を作った側としては、この本を通じて、数学の探求が現在も継続している活動で、じつに多彩な魅力的で個人主義的でひたむきな男女を魅了しているということを知ってもらえればと思う。そして、これらの数学者が何に触発されていかなる動機で数学に向かっているのか、少なくともその一端が伝われば本望だ。

所属は原著発行時点、受賞歴は翻訳版発行時点。
［ ］は原著者による注釈、〔 〕は訳者による注釈を表す。

MATHEMATICIANS

エドワード・ネルソン EDWARD NELSON

プリンストン大学の教授
専門：解析学、確率論、数理物理学、論理学

たいへん幸運なことに、わたしは4人兄弟の、すぐ上の兄と七つ年が離れた末っ子として生まれた。そして、愛情あふれる暖かい家庭で育った。当時のジョージア州は不況の波に沈み、メソジストの6代目の牧師だった父は、異人種間の協議会を組織していた。運転しながら、自動車のナンバープレートの数字を暗算で四つの平方の和に分解して楽しんでいた。

わたしはファシストの支配下にあるイタリアで、小学校1年生になった。今でも「ムッソリーニは赤ん坊を愛している」という書き取りをしたノートを持っている。早くも1年生にして、自分が習う内容のほとんどが事実と異なるということを知れたのは、なによりだった。母には抽象的なものを疑うところがあったので、わたしの確信はますます強まった。

12歳のときに新品のトランプを手に取って、何の気なく、いちばん上から1枚、下から1枚、さらに上から1枚、下から1枚という具合に重ね直してみた。そしてごく素直に、この手順をどんどん繰り返すと、そのうちにトランプはもとと同じ並びになるんだろうか、もしなるとしたら、何回繰り返せばいいんだろう、と考えた。それからさらに、トランプの枚数が違っていたらどうなんだろうと考えて、それらの結果をグラフにしてみた。するとグラフは、上側を直線で下側は常用対数曲線で挟まれた領域を激しく上下していた。そして14歳になる頃には、どうやらこれらしいと思われる公式を見つけ、その1年後に、その式が正しいことを証明した。

数学者はなぜ、時には何年もかけて一つの問題に取り組むのか。応用にとって重要だったりもするだろうし、未来の数学にとって重要だったりもするだろう。あるいは何らかの認識をもたらすかもしれず、教えることと組み合わせれば収入が得られて、自分が大好きなことをしてお金を払ってもらえることにもなる。しかしこれらはすべておまけで、無限の混沌との戦いこそが大きな見返りなのだ。数学することの喜びを超えるのは愛することの喜びだけで、はるか後ろに3番手のスキーをすることの喜びがある。

若い頃の仕事は、ほとんどが数理物理学のものだった。昔も今も、わたしは量子力学の正統派の解釈に不満がある。そこで一つの理論、シュレディンガー方程式をより具体的に解釈した確率力学を発明した。この力学は多くの人々の努力によって心躍る数学へとつながっていったが、量子論の現実的な解釈を見つけるというわたし自身の望みはかなわなかった。この問題は、今も大きな謎として残っている。

その後、わたしは研究の方向を変えた。発端は教員としての仕事だった。大学院生向けの確率論の講座で、ブラウン運動の過程に無限小を含むヒューリスティックな方程式を使いたいと思ったのだ。これが論文なら、細かいところをすべて埋める必要はないのだが、相手が大学院生だとそうもいかない。彼らは、何が起きているのかを知りたがる。わたしは、かつてアブラハム・ロビンソンが無限小を厳密にした超準解析なるものを発明していたことに気がついた。そこで次の学期に「超準解析を学ぶ」というテーマの講座を開設して、内的集合論〔超準解析の公理化〕と呼ばれる新たなアプローチを作り出した。この理論には奇異な特徴があって、従来考えられてきたような標準的な数ではない（＝超準的な）数が存在する。わたしはこの問題にとりつかれた。そして、数学のもっとも基本的な前提を疑うようになり、今日行われている数学は一貫性に欠けるのではないかという疑念を徐々に深めていった。完備化された無限という概念を受け入れるかどうか、それが問題だ。神が作り出したもののどこを見ても、完備化された無限を作るという選択をしたという証拠はない。この概念は人間のでっち上げであって、数学におけるこの概念にはまさかと思うような専門的問題があるのだ。わたしは今、嬉々として現代数学が一貫していないことを示そうとしている。

アンドレイ・オクンコフ ANDREI OKOUNKOV

プリンストン大学の教授
専門：表現論、代数幾何学、数理物理学
受賞：フィールズ賞

　数学は、じつに驚くべきものだと思います。なぜ言葉ではなく数を使ったほうが、この世界をうまくとらえられるのか。哲学者やパン焼き職人や車掌やZ-ボソン〔素粒子間の弱い相互作用を媒介するウィークボソンの一種〕を作る人々、かくも多様な人々が、どうして物事をきちんと正しく行おうとして数に頼るのか。わたしは哲学者ではありません。ただ、自分たちのメモ帳やコンピュータ画面の上のもっとも抽象的で不可解な記号が、周囲の世界──虹ができる様子、惑星の軌道の様子、そのほかのすべてのことが起きる様子──と完璧に対応しているという事実を目の当たりにして驚嘆するばかりです。奇跡のように感じられるのは、一つにはどんなに複雑な数学の問題であろうと、何らかの形で必ず解決するからです。予想通りの結果が得られることが多いのですが、時には心底びっくりするような結果もあって、いずれにしても行き止まり、つまり矛盾には決して陥らない。果たしてこれは、数学が実際に存在している世界を映す鏡だからなのか、それとも、数学が機能するからこそこの世界が存在しているのか。幸い、わたしはこの問いに答える任にありません。

　数学の威力、それは世界全体が同じ数学の周りを回っているというところにあります。数学は、あらゆる精密科学の共通語(リンガ・フランカ)であって、ある特定の場合に数学が機能する様子が理解できれば、さらに前進して、本質的に同じ数学をほかの何百万もの事柄に適用することができます。一つの源から抽出した数学を望みのものに染みこませ、照射することが可能なのです。ロシアの詩人ウラジミール・マヤコフスキーの「詩を作る方法」という随筆にこれと同じような印象を与えるおもしろい一節があって、思春期にその一節に感銘を受けたことを、今もはっきり覚えています。詩との対比をさらに続けると、数学には何にもまして想像力という素材が必要です。具体的な例やある特定の計算に、普遍的で重要な数学の真理の種が含まれているかもしれない。けれどもそのことに気づくには、式から一歩下がる、というよりも、自分を式の向こう側へと運ぶ想像力に身をゆだねる力が必要です。（ドングリのなかに樫の木を見るように）小さなもののなかに大きなものを見て取り、具体のなかに一般を見て取るこの能力こそが、数学者の主な資格の一つなのです。

　そしてまた詩と同じように数学でも、さまざまな厳しい作業が必要で、しかもその結果は保証されていません。すばらしい数学はめったになく、尊い。数学者としてのキャリアを通じて、わたしたちはほんとうに優れた着想を2個か3個持つのが精一杯で、多くの場合、とくに優れた着想が頭に浮かんだ瞬間は、深く記憶に刻まれるのです！数学者はシェフと違って、日々魅力的なものを作り出せるわけではありません。数学が手応えのある難しいものだからこそ、発見がさらにスリリングになっているのは事実ですが、そういったことが実際に数学を推し進めているとは思えません。この世界をよりよく理解することの重さと比べれば、それはまったく些細なことなのです。しかもきわめて幸運なことに、数学者たちは金鉱掘りの人々と違って、自分たちの貴重な宝を誰とでも自由に分かち合うことができます。ひとたび何かをほんとうによく理解すると、それをみんなに説明することがなんとも心地よくなるのです。

マイケル・アルティン MICHAEL ARTIN

マサチューセッツ工科大学の教授
専門：代数幾何学

40歳になろうかという頃、わたしはだしぬけにあることを悟った。12の年から繰り返し見てきた夢は、自分の誕生の寓話(アレゴリー)だったのだ！その夢のなかで、わたしは自分の家の秘密の通路にはまっているのだが、最後にはどうにかこうにかそこを抜けて、日の光が降り注ぐ丸屋根の下に出た。その意味を悟ってから、わたしはその夢を見なくなった。

母は、わたしが大きな赤ん坊で難産だったというが、わたし自身は自分の出生時の体重を知らない。ドイツ・ポンドからイギリス・ポンドに換算すると約10パーセント重さが増え、さらに母が毎年10パーセントずつ増やしていたのではないかとにらんでいる。むろん母は否定しているのだが……。いずれにしても、出産時に受けた傷のせいで左利きになり、発作——といっても幸いコントロールできている——が起きるようになったのだと思っている。

アルティンという名字は曾祖父の代からのものだ。曾祖父はアルメニアの絨毯商人で、19世紀にウィーンに移り住んだ。アルメニア人はナチスによれば「アーリア人種」だったが、それでも父エミールは、ハンブルグの大学から「退職」させられた。ロシア出身の母方の家族がユダヤ人だったからだ。そして、わたしたちは1937年、わたしが3歳のときに、アメリカにやってきた。

父は偉大な数学者で、わたしと同じくらい教えることが好きだった。そして、わたしにたくさんのことを教えてくれた。時には数学を、さらには野の花の名前を。わたしたちは音楽を奏で、池の水を調べた。父がわたしに何らかの方向を指し示していたとしたら、それは化学だった。自分と同じ道を歩めといわれたことは一度もなく、わたし自身、数学者になろうとはっきり決意した覚えはない。

大学に進んだ時点では自然科学を学ぼうと決めていた。しかし化学や物理学は次第に後ろに退いて、最後に残ったのは生物学と数学だけだった。どちらも大好きだったが、数学を専攻することにした。数学科から転科するほうが数学科に転科するより楽なはずだからということで、自分を納得させた。だって数学は、幅広い自然科学のなかでも論理に振れきった存在なんだから。そのうえで、30歳になったら生物学に切り替えよう。この年で数学者としての望みが絶たれることは周知の事実なんだから。ところが30歳になる頃には、すでに代数幾何学にどっぷりのめり込んでいた。この分野で仕事をしようと思ったのは、一つには博士課程の助言者だったオスカー・ザリスキの人柄がとてもダイナミックだったからだった。これは幸運な選択だった。その後この分野はアレクサンドル・グロタンディークの影響で花開き、以来わたしはこの分野で仕事をしている。

ジョン・H・コンウェイ　JOHN HORTON CONWAY

プリンストン大学の応用数学と計算数学のジョン・フォン・ノイマン教授および数学の教授
専門：群論、数論、幾何学、組合せ数学、ゲーム理論

わたしは1937年の終わり頃にイギリスのリバプールで生まれた。父はビートルズのメンバー二人が通っていたリバプールの大きな学校で実験助手をしていた。科学の知識が豊富で、しかも詩への関心が高かった。家では大股で行ったり来たりしながら、時には素っ裸で詩を暗唱しつつ、ひげを剃った。変わっていたし、おもしろい人だったと思う。父はまた、空襲警備員でもあった。たまにサイレンが鳴ることがあって、戦争は、子どもだったわたしにも影響を及ぼした。時々学校に来なくなる子がいて、家が爆撃を受けて死んだのだと知らされる。わたしはしばらくの間、ウェールズに疎開させられた。子どもの疎開計画はうまくいったためしがなかった。なぜなら母親が子どもを手元に置きたがって、結局は送り返されることになったからだ。とにかく、わたしはしばらくウェールズ語を話していたと思う。

11歳で新たな学校に入ったわたしは、校長の面接を受けることになった。この先人生で何をしたいかと尋ねられて、ケンブリッジで数学を学びたいと答えた。そして7年後、その通りになった。学校時代は、自然科学にしか興味がなかった。どの科目も1番か2番か3番だったが、思春期に入ったとたんまるで興味がなくなった。教室の後ろのほうにいて、どの教科にもまるで関心がないような連中とつるんでいた。だって、連中はおもしろかったから（ここがいつも問題でね。わたしはおもしろい人間が好きなんだ）。わたしは落第点を取り始め、ついにある教師がわたしに説教をした。そしてくるりと方向を変えたわたしは、再び――とくに自然科学系で――トップに返り咲いた。それからケンブリッジへと続く学問のはしごを登り、王立協会のフェローになった。その直後にプリンストンからポストを提供されて、以来21年間そこで仕事をしている。

科学の世界でいちばんよく知られているわたしの業績はライフ・ゲームで、ここからセル・オートマトンの領域が開けていった。さらに、さまざまな巨大対称群を発見した。これはきわめて困難な仕事で、当時はひじょうに興味深いテーマだった。けれども自分にとってもっとも誇らしいのは、新たな数の世界を丸ごと一つ発見したことだ。ドナルド・クヌースはその数を、「超現実数」と命名した。あの名前を自分でひねり出せればよかったのに、と今も思っている。百年以上前に、偉大なドイツの数学者ゲオルク・カントールが無限数の理論を発見した。二千年前にはアルキメデスが、わたしたちがふだん使っている実数の理論を打ち立てた。ところが超現実数はこの両方を含んでいる。超現実数のなかには無限が含まれていて、それらはカントールの数と等しい。かと思えば実数と等しい数もあって、さらにそれらが混ざった数や無限小もある。この数の世界を発見したわたしは、それから6週間、まるで白昼夢のなかにいるようだった。探検家のエルナン・コルテスが初めて太平洋を見晴らして、西洋人がかつて一度も見たことがなかった世界を目にしたときも、こんなふうだったんだろうか、と思ってね。自分が目の当たりにしているものを、それまで誰も見たことがなかったんだから。その世界は完璧な抽象でありながら、きわめてリアルだった。抽象的なものがリアルでもありうる。数は、物理的なものよりリアルだったりする。わたしが発見した新たな数の世界は、数を超える驚くべきものだった。

20代後半は鬱々とした日々が続いた。なぜならケンブリッジでのポストが至極簡単に手に入ったのに、それに見合う仕事をしていないと感じていたからだ。それから立て続けにさまざまな発見をしたわけだが、最初に発見したのが「巨大群」だった。数学の専門家たちは、これをわたしのもっとも優れた業績としている。それからとんとん拍子で「ライフ・ゲーム」を発見し、超現実数を発見した。じきに、自分が触れるすべてのものが黄金に変わっていくような気がしてきた。その数年前には、何に触ってもどうにもならなかったのに。

数学者には、おかしなことが起きる。「数学的なもの」の存在論（オントロジー）とは何か。それらはどのように存在するのか。どのような意味で存在しているのか。存在することに疑いの余地はないのに、つついたりすることは不可能で、考えることしかできない。これはじつに驚くべきことで、これまでずっと数学者として生きてきたというのに、いまだにどういうことなのか理解できずにいる。実際にそこにはないのに、どうして存在しうるのか。2や3やオメガの平方根が存在することは疑うべくもない。じつにリアルなものなんだ。数学的な対象がどのような意味で存在するのか、わたしにはいまだにわからないが、それでも存在はしている。もちろん、猫がどんな意味で存在しているのかを説明するのも容易ではないが、それでも存在していることは間違いない。猫には断固としたリアリティーがあるが、ひょっとすると数学にはさらに断固としたリアリティーがあるのかもしれない。猫を猫自身が望まない方向に押しやることはできない。数もしかり。ここで「数」を持ち出したのは、わたしが意味するもののイメージがみなさんの脳裏にぼんやりとでも浮かぶと思ったからで、数学者が研究している対象は、数よりさらに抽象的でありながらきわめてリアルだ。

わたしは、よく猫のことを考える。木のことを考える。時には犬のことを考えるが、それは犬が好ましいからではない。犬は、ある程度までこちらがしてほしいと思うことをする。なかには、数学はわたしたちが考えた通りのもので、人間の思考が作り出したものだと信じている人もいる。だがわたしはそうは思わない。わたしは心底プラトン主義者なんだ。プラトン主義という立場に大きな困難がつきものだということはよくわかっているんだがね。

フリードリッヒ・E・ヒルツェブルフ　FRIEDRICH E. HIRZEBRUCH

ボン大学の教授、マックス・プランク数学研究所の元所長
専門：トポロジー、微分幾何学、複素解析

わたしは1927年10月17日に、ドイツはルール地方の北の町ハムで生まれた。父は中等教育学校の校長で、数学を教えていた。わたしはごく幼い頃から数に関心があって、学校のお気に入りの教科は数学だった。よい教師に恵まれたが、知識を広げるうえでは、父が持っている数学の本を読んだり、父と話したりしたことが大きかった。

1937年には、ヒットラー・ユーゲントのドイツ小国民団に加わらねばならなかった。1938年の大虐殺〔「水晶の夜」と呼ばれる反ユダヤ主義の暴動、迫害〕のことは知っていた。父はわたしたちに向かって「わたしがこれに同意していないということを、決して忘れないように」といった。けれどもわたしは、敬愛する著者ハンス・ラーデマッヘルが1933年にドイツを去り、オットー・テプリッツがボン大学の教授職を追われたことを知らなかった。テプリッツは1939年の初頭にイェルサレムに逃れ、1940年にそこで亡くなった。

1945年3月に兵士となったわたしは、4月に捕虜となり、ライン川沿いの牧場で生き延びた。雨の日も晴れの日も、屋外でトイレットペーパー——手に入る紙はこれだけだった——に数学を書き殴っていた。解放されたのは1945年の7月で、家族は全員生き延びたが、家は爆撃によって破壊された。

配給カードを受け取るには、英国兵舎を掃除しなければならなかった。ところがその初日に、ある英国将校が流ちょうなドイツ語で、ここで何をしているのか、ほんとうは何をしたいんだ、と尋ねてきた。「数学をしたい！」と答えると、その将校は自分のジープで家まで送ってくれて「数学を学びなさい！」といった。だからわたしはいわれた通りにした。今に至るまで、その人の名前を尋ねなかったことを後悔している。

1945年の11月に、近所のミュンスター大学で数学と物理学を学び始めた。町も大学もひどく傷ついていて、ただ一つ残された講義室を数学のために使えるのは、3週間に1度だけだった。その他の時間は、各自の家で修練を積むしかなかった。それでも学習環境はぐんぐんよくなった。わたしの先生は、複素解析のハインリッヒ・ベーンケと数理論理学のハインリッヒ・ショルツだった。ショルツの学生助手になれて嬉しいことは嬉しかったのだが、内心、もっと地に足がついた複素解析をしたいと思っていた。ベーンケのおかげで、1949年から1950年までチューリッヒにあるチューリッヒ工科大学のフェローとなり、師のハインツ・ホップとベノ・エックマンから徹底的にトポロジーを学んだ。そして1950年の夏に、ミュンスター大学から博士号を授与された。試験の後のパーティーでは、同じ数学科の学生だった未来の妻と踊った。そのパーティーの間に、自分たちは結婚すべきだということがはっきりしたと思えたので、1952年にプリンストンで結婚した。結婚生活は、わたしにとって天国だ。

エルランゲンで2年間研究助手としてすばらしい日々を送った後、1952年から1954年まではプリンストン高等研究所の所員として過ごした。数学におけるわたしのキャリアは、この時期に形成されたといっていい。プリンストンとパリの何人かの卓越した数学者の影響下で、トポロジー、解析学、代数幾何学の新たな理論を学び、最後に、それらを組み合わせてヒルツェブルフ・リーマン・ロッホの定理を作った。プリンストンで得たこの成果のおかげで、ボン大学から教授ポストのオファーが来た。1956年6月にボンに着任し、以来ここに留まっている。

わたしはプリンストン高等研究所にすっかり惚れ込み、ドイツにも高等研究所の数学部門のような施設を作りたいと考えた。そして、客員教授を招き始めた。1957年には、Mathematische Arbeitstagung〔数学ワークショップ〕の第1回年次会合を開いた。最初の講演者は、わたしとの共著論文が7本あるマイケル・アティヤだった。ボン大学は1969年にドイツ科学基金の特別研究領域（SFB）の理論数学部門に応募し、見事採択された。以来わたしたちは世界中からの多くの来訪者を迎え、それらの研究者が互いに協力したり影響を与え合ったりしながら、自分の望む方向に研究を進めてきた。科学基金のSFBのプロジェクトは期限付きだったが、ワークショップとSFBがめざましい成功を収めたので、マックス・プランク研究所の理事会は1981年にそれらの活動を受け継ぐ形で、ボンにマックス・プランク数学研究所（MPS）を創設することを決めた。ここには常時60名ほどの来訪者が滞在しており、わたしは1995年10月に引退するまで、その所長を務めていた。MPSは見事に花開き、定期的にそこを訪れるのがわたしの楽しみとなっている。

ヤノス・ケラー JÁNOS KOLLÁR

プリンストン大学の教授
専門：代数幾何学

わたしの数学者としての人生は、東欧で育った多くの人と同様、高校生を対象とする数学オリンピックから始まった。9年生から本格的に始まるこのオリンピックでは、数学を学ぶ優秀な生徒たちが競って問題を解く。まず地元で戦い、それからその地域のなかで、そして最後に国際競技会で自分の技能を試すことができる。全員が、4時間の持ち時間内に3題の難問に取り組む。2問以上解けるのはもっとも優秀な生徒だけ、というのが普通だ。それまでわたしは目立たない生徒だったので、9年生でよい成績を収めたのにはびっくりだった。前からずっと数学が好きだったんだが、数学とひたむきに向き合うようになったのは、このときからだ。高校を卒業するまでは、2週間に1度ある土曜の午後のミーティングがわたしのお気に入りの時間だった。数学ができる生徒が50人ほど集まり、数学の問題を解いて学び、ともに育っていった。競争と難問、そして興奮に、大いに胸を躍らせたものだ。

そのような難問と向き合うことが、今でも研究におけるわたしの主な関心となっている。わたしにいわせれば、数学ほどロマンチックな科学はない。子どもの頃、未知の世界に一人で乗り出す英雄の物語が大好きだった。マルコ・ポーロの旅やロアルド・アムンゼンの旅、アイヴァンホーの物語に架空のネイティブ・アメリカン、ウィネトウの物語に登場するオールド・シャッターハンドの話。これらの物語で感じていた興奮が、毎週数学の研究のなかで再生されるのだ。数学には、高価な装置や何百人もの助手はいっさいいらない。たった一人で未知の対象と向き合い、自分の機転次第で成功もすれば失敗もする。わたしのような腰痛持ちにとってはありがたいことに、剣を使うよりペンを使うほうがはるかに楽だ。

たいていの研究は、なにしろゆっくりした長い作業で、行き着く先があるかどうかもよくわからない。新たな定理を追い求めるこれらの旅がうまく進まないときには、W. H. オーデンの「新たな敗北に向けて、彼はまだ動かねばならぬ」〔"As he is"（あるがままに）という詩の冒頭で、「そしてさらなる悲しみ、大きな悲しみと、悲しみの打破へ」と続く〕という一節についてじっくり考えてみたりする。そして仕事を続けるのだ。さらに、ついにその仕事がうまくいきそうになると、今度はブラウニングの短い詩〔"Parting at morning"（朝の別れ）〕を思い出すことが多い。

　岬を巡ると、突然海が開けた。
　そして太陽が、山の端から顔を出していた。
　太陽の金色の道はまっすぐに伸び、
　わたしは男の世界を進まねばならぬ。

数学に意外な美しさを見い出して、それをほかの人々と分かち合うこと——これ以上すばらしいことがあるだろうか。

リチャード・E・ボーチャーズ　RICHARD EWEN BORCHERDS

カリフォルニア大学バークレー校の教授
専門：数論、格子、保型形式

　子どもの頃は真剣にチェスをやっていたけれど、思ったほどうまくならないのでやめた。高校のお気に入りの科目は数学だった。かといって、高校の数学がひじょうにおもしろかったわけではなく、G. H. ハーディとエドワード・ライトがまとめた『数論入門』などの数学の本を一人で読み始めた。

　一つ、絶えずわたしを悩ませているのが、そもそもなぜ数学が存在しているのかという問いだ。これはたぶん、なぜ宇宙が存在しているのか、というような究極の問いなんだろう。あるいは、意識とは何かという問いと同じで、決して意味のある答えを得ることができない。たとえば、群の公理は短くて自然だ。1行足らずで書き下せて、事物の対称性という自然な概念を説明している。それでいてどういうわけか、これらの公理の背後には巨大で途方もない数学的対象、モンスターと呼ばれる単純群が潜んでいて、その群は、無数の奇妙な偶然なしでは存在できないらしい。ただし、群の公理自体からは、そんなものが存在することを示すはっきりしたヒントはいっさい読み取れない。事実、これらの公理を百年以上かけて研究した末に、ようやくモンスター群——巨大で途方もない数学的対象、例外的な単純群のなかの最大の群——が発見されたんだ。まるで地面にぬかるんだ小さな穴があったのでそこを探ってみると、細くて困難な道を何マイルもたどったあげく、ついに壁中が水晶に覆われた広大な洞穴に飛び出したような具合だった。モンスター群は明らかに独立した存在だ。つまり、アルファ・ケンタウリ星からやってきた小さくて茶色のもしゃもしゃした生き物にも発見することができて、この群の大きさなどの性質についてわたしたちと合意できるような存在なんだ。これは、科学や知識の良し悪しを判別する一つの方法で、アルファ・ケンタウリの高等な文明にも一般相対性理論やガロア理論と同じようなものがあるはずだが、わたしにいわせれば、ポストモダニズムやわたしたちの宗教的な物語に似たものがあるとは思えない。モーツァルトの楽曲が生み出されるかどうかもはっきりしない。とはいえ、これらの数学的対象が見事に組み合わさっていく様子を見ていると、何らかの存在が何らかのやり方で構築しているようで、気味が悪くなる。

　インテリジェント・デザイン（ID）説〔何らかの知性が宇宙などのシステムを設計したとする説〕を唱える人々はまだこの主張に気づいていないと思うんだが、ここで念のため、わたしが「愚かなデザイン理論」を発明したという事実を指摘しておく。宇宙にはたしかに創造主がいたが、かなり無能で無頓着だったんだ。

　わたしは、数学研究の主流には乗らず、一人で仕事をするほうが好きだ。その場合には一つ問題があって、生産的な領域のほとんどは（その定義からいって）主流の研究に含まれており、残りの領域は通常かなり不毛だ。研究を行っているわたし自身も、巨大なゴミ捨て場でほかのゴミ漁りが見過ごした値打ちものを探しているような気になってくる。たまに新しいダイヤモンドを見つけることもあるが、たいていは、いくら丁寧に調べても、ただのがらくたでしかないんだ。

デヴィッド・マンフォード　DAVID MUMFORD

ブラウン大学の応用数学の全学教授
専門：代数幾何学、AI
受賞：フィールズ賞

わたし自身の経験によれば、数学一般、なかでも純粋数学は、常に秘密の花園のようだった。風変わりで美しい理論を育てようと試みることができる特別な場所。その庭に入るには鍵が必要で、その鍵を手に入れるには、数学的な構造を自分の頭のなかであれこれ回してみて、それらが今自分のいる部屋と同じくらいリアルになるようにする必要がある。わたしの父方の祖母には数学の才能があって、ケンブリッジの数学の優等試験(トライポス)でほぼすべての男性を打ち負かした初の女性だった。叔母も才能に恵まれており、これまたケンブリッジで数学を学んでいたときには、複素数のことを「愉快な作り物」と呼んでいた。

わたしはイギリスのサセックス州スリーブリッジズで生まれたんだが、3歳のときにアメリカに移り、ロングアイランド海峡のそばで母方の家族とともに暮らし始めた。やがて父は、新設された国連で働くことになった。母や母方の祖父もまた、わたしが科学の道に進むのを後押しした。二人とも天文学が大好きで、わたし自身も太陽の黒点や月のクレーターや惑星を見るために、自分で反射望遠鏡のレンズを磨いた。だがわたしは物理的な装置を扱うのが苦手で、リレー基板を使って自作したコンピュータは、指示用の紙テープに火花が飛んだとたんに壊れてしまった。そしてついにハーバードで、「環」(リング)(みなさんの指とは無関係な抽象的代数構造)や「樽型空間」(関数が点になる無限次元の空間)について語る本物の数学者に出会った。そこはまさに秘密の花園だった。

専門家としてのわたしは、二つの対象に情熱を燃やしている。純粋数学では、代数幾何学とそのなかのモジュライ空間だ。代数幾何学はピエール・ド・フェルマーやルネ・デカルトが作り出したもので、ユークリッド空間のなかの多項式によって定義される(多様体と呼ばれる)軌跡を研究する。モジュライ空間は特殊な多様体で、代数幾何学という分野のほかのあらゆる対象、つまりほかの多様体を記述する地図の役割を果たす。たとえば楕円曲線などの特定の多様体の類を選ぶと、これらの曲線の集まりが——同型を同一視する形で——これらのモジュライ空間の点となる。したがってモジュライ空間は理論の中心を任う空間、ちょうど本の索引に当たる特別な空間なのだ。これらの空間に固有の性質を明らかにすることが、わたしの目標だ。

もう一つわたしの情熱の対象になっているのが、数学の人工知能(AI)への応用だ。具体的には、思考を記述するための数学的に正しいアプローチを見つけること。この探求の道は、偽の出発点や失敗した「ブレークスルー」だらけなんだが、わたしは、ベイズ統計がそのアプローチの候補になるとにらんでいて、これらの着想を用いて視覚による知覚モデルを見つけようと懸命な取り組みを続けている。応用数学では、自分がデータに注意を払っているのか、それとも現実を無理やり数学の型に押し込もうとしているのかを絶えず気にかける必要がある。だがもちろん、わたしには自分の選択が正しいという確信がある。プラトンは、「空を彩るきらめきは……推論と思考によってのみ理解できる」といっているが、新たな実験は、常に古い理論をひっくり返すものなのだ。

昨今、成功した科学者や芸術家にはかなりの割合でアスペルガー症候群の傾向のある人が含まれているといわれている。たぶんそれくらいでないと、自分の仕事にここまで緻密に焦点を当てることができないのだろう。だがそうなると、身の回りの人々や生活との接点を失う恐れがある。それを避けるには、家族が必要だ。わたしは詩人である最初の妻エリカ——エリカとわたしは家庭を作り、4人のすばらしい子どもを育てた——によって、また、エリカが癌でなくなった後で一緒になった2番目の妻である画家のジェニファーによって、現実の世界に優しく引き戻されてきた。今年引退してからは、大家族でのたいへん恵まれた生活を享受している。実際、今では4人の実子に加えて、連れ子が3人と子どもたちの連れ合いが5人、そして12人の孫がいる(恩恵をここまで正確に数えてしまう数学者を、どうかお許しいただきたい)。

ブライアン・J・バーチ BRYAN JOHN BIRCH

オックスフォード大学の名誉教授
専門：数論

　祖父は独立独行の人で、ベーコン作りの商売を立ち上げた。当時は長男が家業を継ぐ習わしだったので、わたしの父には明らかに数学の才能があったのだが、大学に進むことは論外だった。父は渋々ではあったが人望ある雇用主として成功を収めた。それでも、自分の子どもはみな自分自身で将来を選ぶべきだ、ということをはっきり打ち出した。子どもであるわたしたちは、みなこのことをひじょうにありがたく思っている。

　わたしは幼い頃からずっと足し算が好きで、数学者としても、数の理論に関する分野で仕事をしてきた。8歳くらいのときに、ある年いった紳士にどうすれば数学者になれるのと尋ねたら、その人は、数学者にはトリニティー・カレッジのフェローが多いようだがね、と答えた。どうすればトリニティーのフェローになれるのか、当時のわたしには見当もつかなかったが、どうやら試験でかなりよい成績を取り（たしかにこれは得意だった）、たくさん数学を学ばなければならない（どちらにしても、わたしはそれがしたかった）ようだった。幸いなことに、わたしはかなり早い時期から、数学を「習う」という言い方が当たっていないことに気づいていた。数学で重要なのは証明で、それはつまり、その定理が確かである理由をきちんと理解することなのだ。

　やがてわたしはトリニティー・カレッジの奨学金を勝ち取り、さらに数学の優等試験（トライポス）に向けて勉強を続けた。ほんとうにすばらしかった。ケンブリッジは美しい場所で、わたしはそこで生まれて初めて、自分のもっとも愛するものに懸命に取り組んだ。自分と同じ志を持つ才能ある大勢の友人と、数学のことを考える。学部が終わる頃、ジョンス・ウィリアム・スコット・"イアン"・キャッスルズに研究を見てもらえることになった。キャッスルズが紹介してくれた数の幾何学に関するいくつかの問題を、わたしは大した苦労もなく解いてみせた。さらに、ロンドンのカレッジ・ユニバーシティーでハロルド・ダベンポートが行っているすばらしいセミナーに出席するよう勧められた。そこでわたしは、ほんとうに難しい問題を解くというさらに大きな喜びを知った。そして、数の幾何学に関する論文をまとめ、トリニティーの成績優秀者を対象とする特別奨学生に選ばれることとなった。子ども時代の野心をついに実現したわけだ！　修行時代の締めくくりとしてプリンストンに1年間滞在し、そこで、数学はその真理が確かであると同時に自然に思えるときにもっとも美しいということを学んだ。

　わたしの名前が後世に残るとすれば、バーチ・スウィナートン＝ダイヤー予想に名前が入っているからだろう。ピーター・スウィナートン＝ダイアーと知り合ったのは、研究のとば口に立ったばかりの頃だった。プリンストンに行く前に、それほど重要ではない論文を1、2本共同で書き、さらに彼は、わたしにオペラの楽しみを教えてくれた。わたしはプリンストンで、アンドレ・ヴェイユのすばらしいレクチャー・ノートに出会った。ヴェイユは、線型代数群において自然な「玉河測度」を用いた二次形式に関するカール・ジーゲルの業績の定式化を行っていた。ケンブリッジに戻ってみると、スウィナートン＝ダイヤーはできたてのコンピュータ・ラボラトリーに職を得ていた。そこでわたしたちは、その次に自然な例である楕円曲線について調べることにした。コンピュータを使って、楕円曲線の（有限体上での）局所的な振る舞いと（有理数上での）大局的な振る舞いの間に何か相関がないかどうか試してみようというのだ。わたしたちは、ついていた。事実そこにはきわめて厳密な相関があって、曲線のゼータ関数を用いてそれを定式化することに成功したんだ。当時、このような関数の解析理論に関してはほとんど何もわかっていなかったので、すべてを自力で見つけ出す必要があった（ヴェイユにいわせると、「彼らはある程度数学を学ばなければならなかった」のだ）。そして信じられないほど美しい理論があることがわかった。ただし、この理論はいまだに完成していない。わたしたちは、美しい数学のまったく新たな分野におけるこの仕事を大いに楽しんだ。こんなに美しいのだから、重要な分野であることは間違いない。自分たちが何を見つけようとしているのかは、（何人かの親友を除けば）誰にも見当がつかなかったはずだ。おかげで、発表までに3年もかけることができた。

　わたしたちが共同で研究を始めたときには、楕円関数やモジュラー関数の数論は流行遅れで明確な使い道もなかったが、それでもずばぬけて美しかった。今ではこの分野は計算機のセキュリティー業界にとって重要なものとなり、途方もなく流行っている。純粋数学では、美的な直感こそがその研究の価値に関するもっとも信頼できる指針なのだ。たとえ主な関心が、実践的な応用が可能かどうかということにあったとしても。

マイケル・F・アティヤ　SIR MICHAEL FRANCIS ATIYAH

ケンブリッジ大学トリニティー・カレッジの元学寮長、ニュートン研究所の初代所長、エジンバラ大学の名誉教授
専門：代数的トポロジー、代数幾何学
受賞：フィールズ賞、アーベル賞

　20世紀の科学者の多くが複雑な背景を負うており、ナチスドイツの圧政によって移住を余儀なくされた。そのおかげで世界主義が強められ、視野が広がり、その後のキャリアの助けになったともいえる。わたし自身はヒトラーから逃れた亡命者ではないが、子どもの頃はヨーロッパと中東を行ったり来たりしていた。母はスコットランド人、父はレバノン人で、スーダンの首都カーツームで暮らしていた。16歳までの中等教育はエジプトで受け、祖母はレバノンに住んでいた。

　1945年にイギリスに移り住み、ケンブリッジで学び、その後はかなりの時間をアメリカで過ごした。だから、どこの出身ですか？という問いには答えにくい。それに、あなたはどんなタイプの数学者なんですか？という問いも返答に困る。この問いを避けるために、ふだんは、わたしは広くいえば幾何学者で、「神は幾何学者である」という言い回しに慰められ、安心しているんです、とだけいっておく。わたしにとってこの世界が——場所によってなじみの程度は違うにしても——ただ一つであるように、数学もただ一つなのだ。わたしは、政治的なものにしろ知的なものにしろ、境界が嫌いだ。そして、境界を無視することが、創造的な思考の重要な触媒であることを知っている。着想は、妨げられることなく自然に流れなくてはならない。

　わたし自身の数学における軌跡は代数幾何学から始まり、いくつもの小刻みで自然な段階を踏んで、トポロジーから微分幾何学へ、さらには解析学、そしてついには理論物理学へと進んできた。どの段階もきわめて社会性に富んでいて、そのたびに親友ができ、わたしの視野も広がった。ボンのフリードリッヒ・ヒルツェブルフはわたしの最初の同僚でありメンターで、彼が毎年開く数学ワークショップは、わたしの世代の人間にとって偉大な礼拝堂となった。パリやプリンストンでは、ジャン＝ピエール・セールが明晰で優美な思考と説明でわたしを教育してくれた。

　プリンストン、そしてその後のハーバードとマサチューセッツ工科大学では、ラウル・ボットやイサドール・シンガーと緊密な共同研究を行うようになり、彼らからはリー群や関数解析について教わった。さらにオックスフォードに戻ると、わが旧友ロジャー・ペンローズの指導のもと、ためらいながらも現代物理学への第一歩を踏み出した。このおずおずとした越境行為が、やがてわたしにとっての大きな関心の対象とつながっていったのは、エドワード・ウィッテンの刺激と導きのおかげである。その後運よくわたしのもとに大勢の優秀な院生が集まり、結局そのうちの何人かは同僚や共同研究者になった。わたし自身も彼らから多くを学び、同時に、数学的な思考や技量に人格が大いに影響することを痛感した。気質や視野が多様であるのは歓迎すべきことで、創造性は、最小限の指導と最大限の自由および励ましのもとで、もっとも大きく開花する。

　数学者は概してある種の知的装置だと思われている。数をかみ砕いて飲み込み、定理をはき出す偉大なる脳みそ。実はヘルマン・ワイルが述べているように、わたしたちはむしろ創造力に富む芸術家に似ている。論理の法則や物理的な経験による厳しい制約はあっても、わたしたちは自分の想像力を用いて未知のなかへと大きく飛ぶ。何千年にもわたる数学の展開は、文明のもっとも大きな達成の一つなのだ。数学者のなかには——とくに目立つのはG. H. ハーディだが——自分たちの「純粋さ」を誇りとし、役に立つものや応用されたものすべてを見下す人がいる。けれどもわたしの立場はこれとは正反対で、自分が成し遂げたことになにか実際的な価値があるとわかったら、それは望外の喜びだ。さらに広くいえば、数学は科学と社会への貢献であり、教育や学習の欠かせない一部だと思う。

　このような観点から、わたしは常々王立協会の長、ケンブリッジのトリニティー・カレッジの学寮長、あるはパグウォッシュ会議［武力衝突の危険を減らし、グローバルな問題に協力して対処する道を探したいと考えている、有力な学者や著名人の組織］の議長といった社会的な役割を引き受ける責任があると考えてきた。結局のところ数学者は、その生業の面でも、さらには自分たちが強い関心を持っているものに取り組むという特権の面でも、この社会に依存している。そのお礼として、この借りをさまざまな形で返し、ともに歩む市民が自分たちの奇妙な職業を親しみを込めて寛容に見られるように後押しする義務があるのだ。

イサドール・M・シンガー ISADORE MANUAL SINGER

マサチューセッツ工科大学の教授
専門：解析学、微分幾何学
受賞：アーベル賞

わたしの両親は1917年にポーランドから移住し、カナダのトロントで出会って、そこで結婚した。やがてミシガン州のデトロイトに移り、1924年にわたしが生まれた。学校の成績はよかったが、とくに何かが好きなわけでもなかった。夏休みは、野球をしたり本を読んだりして過ごした。科学の世界に目覚めたのは、高校の化学の教師が秩序立った美しい周期表を見せてくれたからだ。じきに科学クラブの部長になり、相対性理論について講義をするようになった。

1941年9月にミシガン大学に入ると、英文学ではなく物理学を専攻することにした。詩よりも電磁気を理解するほうが楽だったからだ。第2次大戦の最中だったので、学部のプログラムを大急ぎで終えて、1944年1月に米軍のシンガポール隊に配属された。終戦を迎えたときは、ルソン島の干潟でフィリピン軍の通信部隊のための学校を運営していた。夜になって同僚がポーカーを始めると、その傍らでシカゴ大学の二つの公開講座の勉強に没頭した。一つは微分幾何学の、もう一つは群論の講座だった。学部の相対性理論や量子力学の講義をきちんと理解するためにも、さらに数学の素養を積まなくては、と感じていたからだ。

1947年1月にシカゴ大学の大学院に進んだ時点では、1年間数学をしたうえで物理に戻るつもりだった。ところが数学にすっかり好奇心をそそられて、そのまま数学を続けることにした。当時は知る由もなかったが、その後何十年かの間に、高エネルギー物理学と現代数学が接近し、結局、幾何学と物理学の接合部分がわたしの科学者としてのキャリアの中心になった。

院生時代のわたしは、数学の素養に開いていた穴をさっさと埋めて、解析学を専攻することにした。1949年にS. S. チャーン（陳省身）が大学に加わり、わたしはその幾何学の講義にすっかり魅了された。元来わたしは言葉ではなく図で考える質なのだが、チャーンはファイバーバンドルの図をどんぴしゃの代数を使って記述した。わたしはそれから10年かけて微分幾何学を学び、マサチューセッツ工科大学の同僚のワーレン・アンブローズとともに、微分幾何学へのチャーンのアプローチを現代化した。

1962年にはマイケル・アティヤとともに指数定理を発見し、証明した。この定理は、ある種の微分方程式の解の数をそれを囲む空間の幾何学とトポロジーとの関係で表す式を与える。たとえば、スピンしている電子のディラック方程式はその重要な例である。この定理と証明によって、解析学と幾何学とトポロジーが意外な形で一つになり、古典的な公式の多くが、指数定理の特別な例であることがわかった。アティヤとわたしは、この結果をさまざまな方面に拡張した。ここ30年の間に数学者や物理学者が指数理論に付け加えたことはたくさんあって、高エネルギー物理学にも応用されるようになった。

1970年代の半ばに、数学におけるファイバーバンドルの幾何学が、物理学の素粒子とその相互作用の記述の基礎となるゲージ理論と同じであることがわかった。わたしは、1977年に数学・物理学セミナーを始めた。なぜなら自分のよく知っている幾何学を物理学者がどのように量子化するのか、なぜ量子化したがるのかが知りたかったからだ。数学と物理学を結びつける新たな発見のおかげで、このセミナーはこれからも成長を続けていくことだろう。

数学の外でいうと、教えることと公務が、わが大学人としてのキャリアの重要な一部になっている。1970年から2000年まではワシントン特別区のいくつかの委員会に参加して連邦政府に助言し、わが国の繁栄のためにいかに科学が重要であるかを一般の人々に説明した。レーガン政権ではホワイトハウスの科学諮問委員会の委員を務め、全米科学アカデミーの「科学と公共政策委員会」の委員長を務めた。この経験のおかげで、わたし自身の科学観や、科学の資金調達と創造の両方に関わる人々についての視野はぐんと広がった。

80歳を過ぎた今も、数学とその応用への情熱は衰えることがない。自然が数学的であるというのは、じつに畏敬すべきことだ。やがていつの日か、脳のことがよくわかれば、この謎を説明できるようになるのだろう。その日まで、わたしは幾何学的な洞察で物理学の謎に切り込むべく、黄色いメモ用紙にあれこれ書き殴り続けるとしよう。

ミハイル・L・グロモフ MIKHAEL LEONIDOVICH GROMOV

ニューヨーク大学クーラント数理科学研究所のジェイ・グールド教授、フランス高等科学研究所の教授
専門：幾何学的群論、微分幾何学
受賞：アーベル賞

わたしたちの脳裏に焼きつけられるこの世界の印象は、決して写真のようなものではない。脳が外の世界について知っていることは電気的刺激のカオス的な列だけで、脳はそこから構造を持った実在を作り出す。それが、自分たちが見ている、聞いていると感じるものなのだ。ほとんどの場合、大人の脳は自らに語りかけて、頭のなかにさらに洗練された構造を作り出す。今述べている「構造」とは数学的な構造のことで、自分自身との対話のなかでどんどん抽象的になり、論理的にもよりよく組織されていく。あらゆる人の脳が、古今東西のもっとも偉大な天才の能力をはるかにしのぐ数学的力を持っているのだ。脳に入ってくるのが電気的な刺激であることを思うと、誰もこのような高いレベルの抽象にたどり着けなくてもなんの不思議もない。たとえば（ヒトデに見られるような）軸が5本ある対称性がいい例なのだが、みなさんは——というよりみなさんの脳は——対象の具体的な大きさや形や色に関係なく、すぐにこの対称性に気がつく。

そしてそれからどこかの時点で、このような脳による構造の創出過程と、みなさんの脳の、意識が知覚して管理できる思考を生み出す言語部とが接点を持つ。こうして数学が始まるのだ。みなさんの脳は本質的に、未知の理由から未知のプロセスによって突き動かされ、脳自体に入力されたものから抽出された構造を作り出す。このような入力が、すでに脳が外側の世界に基づいて作り出していた構造を反映している場合には、脳がこれらの構造のなかの構造を分析し始める。この過程が表面（つまり、脳の活動のわたしたちが意識と呼ぶごくわずかな断片）に達すると、それが数学になるのだ。

わたしたちはみな、構造化されたパターンに魅せられる。音符の周期性、飾りの対称性、コンピュータのフラクタル画像の自己相似。なかでももっとも魅力的なのが、自分たちのなかにすでに用意されている構造だ。しかし悲しいかな、そのほとんどは、わたしたちの目に見えない。これらの構造のなかの構造を言葉にできたとき、それらは数学になる。数学を表現し、ほかの人々に理解させることは途方もなく難しい。耳の聞こえない人々が暮らす村で、楽譜を書いて音楽を伝えるところを想像していただきたい。みなさんは音符のなかに音楽を聴く術を少しずつ身につけ、その音楽を聴いているみなさんの脳はすばらしいご褒美を受け取ることになる。すると脳は、もっとご褒美がほしくなる。わたしたちの主である脳は、重さは体重のたった2パーセントなのに、人間が取り込む酸素の20パーセントを使っている。そんな脳の命令に、みなさんはあらがうことができない。かくしてみなさんは数学者となる。自分の脳、みんなの脳の飽くなき欲望の奴隷となり、そこに入ってくるあらゆるものの構造を作り出そうとするのだ。

ケヴィン・D・コーレット KEVIN DAVID CORLETTE

シカゴ大学の教授
専門：リー群、微分幾何学

　わたしが科学に興味を持ち始めたのはまだ幼い頃で、たぶん5歳か6歳だったと思う。生家はとくに宗教色の強い家だったが、かなり早くに、わが家の世界観が自分に合っていないということに気がついた。それでもその宗教的な世界観はわたしの想像力をつかんで放さなかったので、わたしとしては、それと同じくらい確かな何かでバランスを取る必要があった。一つにはそのせいもあって、科学に関心を持つようになったんだ。科学は宇宙の基本的な性質を確実にとらえるためのアプローチであり、宗教的な信心という（わたしにすれば）曖昧な土台ではなく、嘘偽りのない吟味や着想の検証に基づいている。

　最初は、科学のなかでも主として化学や生物学に興味があった。たぶんこの二つの分野が、まったく無秩序にしか見えない人生や自然をコントロールするためにわたしが求めていた力といちばん強く結びついているように思えたからなのだろう。成長するにつれて、わたしの関心は自分にとってより基本的に見える方向、つまり物質や空間や時間のほんとうの性質へと移っていった。数学に興味を持ったのは、なによりもまず、物理で使う概念的な道具だったからだ。ところが8年生のときに、数学自体がおもしろいと感じるようになった。ユークリッド幾何学の授業を受けてみて、証明を作り上げるのがとても楽しいということに気づいたんだ。たぶん、それまでに出会った数学よりさらに洗練された数学を理解したことで、従来よりはるかに決定的な形で確かさの源を探れるかもしれない、という思いが芽生えたんだろう。それ以来、わたしは物理と数学に等しく関心を持ち続け、結局大学のときに、数学者になろうと決意した。

　1980年代にハーバードの大学院に進むと、ラウル・ボットやクリフォード・タウビズといった数学者とともに研究を行った。当時わたしの想像力をとらえて放さなかったのが、ゲージ理論とシンプレクティック幾何学を巡る概念の奔流だった。しばらくの間、ヒッチン・小林予想なるものに取り組んでみたが、たいした進展は見られなかった（この予想は結局サイモン・ドナルドソンによって、またこれとは独立にキャレン・アーレンベックとシン＝トゥン・ヤウ（丘成桐）によって、証明された）。結局この予想を証明することはあきらめたんだが、それでもその予想の存在を指し示す一般的な枠組み——そこには（シンプレクティック幾何学の概念である）モーメント写像のゼロ点の存在と代数幾何的な安定性の概念との関係が含まれていた——への関心は変わらなかった。そして、このような関係が考えられるそれとは別の一般例——リーマン多様体上のベクトル束の平坦接続の例——を発見した。その例でヒッチン・小林予想のアナロジーを証明することに成功したんだが、後になってようやく、自分が行ったことを調和写像のよく知られた言葉で定式化できることに気がついた。この発見からはいくつかの魅力的な方向が見えてきて、その一つにカルロス・シンプソンによるケーラー多様体のホッジ理論の非可換版への展開があった。シンプソンが必要としていた対応の半分はわたしの定理でカバーされ、残りの半分はシンプソン自身が見つけて、わたしとほぼ同じ頃にハーバードの学位論文としてまとめた（当時は二人とも、相手がしていることに気づいていなかった）。もう一つの方向が、ある種の階数1のリー群における格子の超剛性の証明だった。高階のリー群における格子にモストウ剛性を強めた超剛性があるという現象は、1970年代にグレゴリー・マルグリスによって発見されていた。しかし階数1の場合の超剛性に関しては、どう見てもまったく新たな概念が必要だった。

　この問題に調和写像を適用できるということはわかったんだが、高次元でマルグリスの結果に見合う強さを得るには、特異点がある空間で値を持つ調和写像を考える必要があった。ミハイル・グロモフとリチャード・シェーンは1990年代にそのような理論を展開し、わたしが行ったシウ・ボッホナーの公式の拡張を用いて、予想された階数1での超剛性の存在を証明することに成功した。さまざまなアイデアが、こうしてすばらしくも意外な方向に展開していくのを目にするのは、ほんとうにすばらしいことだった。

サン=ヤン・アリス・チャン　SUN-YUNG ALICE CHANG（張聖容）

プリンストン大学の教授
専門：幾何解析

　生まれは中国の古都、西安です。ちょうど中国革命の最中で、まず香港に移り、さらにわたしが2歳のときに、台湾に移りました。父は建築家で、母は会計士でした。わたしは台湾で育ち、国立台湾大学で学びました。

　子どもの頃は中国の文学に夢中でしたが、そのいっぽうで数学もよくできました。数学は、シンプルでエレガントだと思っておりましたし、物事を論理的に考えるのが好きでした。第2次大戦後の台湾は経済状況がきわめて厳しく、科学や技術の素養がある若者のほうがはるかによい職を得やすかった。つまり、そのほうが容易に独り立ちできたのです。一つにはこのような実際的な判断もあって、大学では数学を専攻することにしました。学部数学科のわたしのクラスにはきわめて特殊な学生が集まっていたらしく、40人中12人が女子でした。わたしたちは初年度から5人グループになって、一緒に学んだり遊んだりしました。クラスでもきゃあきゃあと騒々しく、大いに楽しんだものです。バークレーの大学院に行って初めて、女性数学者であることが孤独な経験となりうることに気づいたのです。

　カリフォルニア大学バークレー校の大学院では、古典解析の論文で学位を取りました。数学には大まかにいって解析学、幾何学、代数学の三つの分野があります。通常解析学では対象を細かく分割し、それぞれの断片を個別に解析しておいて、その情報を組み合わせます。

　大学院の最終年度に、同級生と結婚しました。夫のポール・ヤンは、研究対象を形や図としてとらえる幾何学者です。結婚したての頃は、数学に関する一般的な議論こそすれ、自分の研究プロジェクトについて話すことはめったにありませんでした。けれども次第に、自分たちが取り組んでいる問題のなかに、幾何学的にも解析的にもとらえられるものがあることに気づき始めました。そして結婚10年目に、ついに一緒に仕事を始めたのです。今わたくしたちが取り組んでいるのは幾何解析と呼ばれる分野で、この分野では解析の手法を用いて幾何学的な問題に取り組みます。この分野の大きな問題の一つに、4次元多様体の分類があります。この問題は、物理と密接に関係しています。なぜなら、わたくしたちが暮らすこの世界は3次元ですが、そこにもう一つ、時間という次元が付け加わると4次元になるからです。

　わたしは昔から、数学は音楽のような言語だと感じていました。数学を体系的に学ぶには、細かい断片をわが物としたうえで、一つまた一つとほかの欠片を付け加えていく必要があります。数学は、ある意味で古典的な中国語と似ている。きわめて洗練されていて、ひじょうにエレガントなのです。優れた数学の講義を聞いていると、優れたオペラを鑑賞しているような気がしてきます。何もかもが一つになって、問題の核心に迫る。それがとっても楽しいのです！

シン=トゥン・ヤウ　SHING-TUNG YAU（丘成桐）

ハーバード大学の教授
専門：微分幾何学、偏微分方程式
受賞：フィールズ賞

わたしは香港の農村で育った。雄牛などの動物がいる美しい場所で、海も見えれば山も見えた。幼い頃は、その村の学校に通った。中等教育に上がると、町の学校に通うようになった。父は、中国哲学と経済学の教授だった。当時の教授はあまりお金儲けと縁がなかった。わたしは父から多くのことを学んだが、わたしが14のときに、父は死んだ。家はひどく貧しく、生活は苦しかった。兄弟姉妹は全部で8人。母は懸命に働き、わたしたちは順繰りに、かなり苦労をして生活と折り合いをつける術を学んでいった。

学部の数学は、香港の大学で学んだ。そこの教授たちからは多くを学んだが、決して十分ではなかった。なぜなら博士号を持っている教師がほとんどいなかったからだ。やがて一人の教授がカリフォルニア大学バークレー校からやってきて、わたしを推薦してくれたことから、1969年にバークレー校に進むことになった。当時のバークレーでは、反戦活動や学生活動が盛んだった。わたしは懸命に勉強し、多くのことを学んだ。博士課程の研究と学位論文を2年で完成し、卒業した。よい経験だった。それから、何をすべきなのか、自分にとってどの分野がいちばんかを考えた。当時バークレーには数学の教授が百人近くいた。巨大な学部で、わたしが卒業した年の博士号取得者は60名にのぼっていた。

わたしは幾何学者で、幾何解析に関心がある。研究を始めた頃は、解析に関心を持つ幾何学者は多くなかったが、わたし自身はこの二つの分野を組み合わせることがきわめて重要だと感じていた。わたしは微分幾何学を研究するにあたって、非線形微分方程式をたくさん使う。数理物理学に強い関心があって、物理学者のコミュニティーの友達に大いに助けられてきた。一般相対性理論における曲率を研究し始めて、きわめて多くの実りを得ることができた。のちにひも理論となる分野で、いくつかの重要な問題を解いた。ここ15年ほどは、曲率のことや、曲率がひも理論とどう関係するかといったことを調べている。わたしの仕事の多くが、物理学と関係している。さらに、曲率について研究し、工学やコンピュータグラフィックスとどのように関係するかも調べている。

数学者は、かたや芸術家や作家、かたや物理学者や化学者や生物学者、この二つの極の間のどこかに位置している。わたしたちは物理的な世界から自然な問題を得ようとするが、同時に自分たちの自然理解の進展に基づいて問題を作り出そうとする。これは、絵を描く画家に似ている。絵のなかには、具象で現実的な世界が見えるものもある。しかしそのいっぽうで、自然を観察したうえで、それにつながる抽象的なイメージを作ることもできる。わたしたち数学者も、これと同じことをしているのだ。わたし自身は、あまり自然から離れようとしない。画家と同じで、自然界から離れていく人もいれば、そうでない人もいる。人が違えば、好みも違うものなんだ。

ジョン・F・ナッシュ・ジュニア　JOHN FORBES NASH, JR.

プリンストン大学の上級研究員
専門：ゲーム理論、微分幾何学、偏微分方程式
受賞：ノーベル経済学賞

わたしは、ウェスト・ヴァージニアの小さな町で生まれた。父は電気技師だった。やがていつの頃からか、わたしは父の職場に行って計算機をいじるようになった。当時はどこにでも計算機があったわけではなかったが、父の職場にはたまたまあったのだ。幼い頃から算術に興味を持ち、自学自習もしていたので、大学に入る前に高等な数学に取り組むことができた。両親はわたしのために、町の高校に通いながら、地元の短期大学にも通えるようにしてくれた。

カーネギー・メロン大学の学部に入ったのは、授業料全額支給という特別な奨学金を取ってみたら、そこで学ぶことが条件になっていたからだ。その後、プリンストンの数学の大学院に進んだ。

わたしの（いわゆる）「精神疾患」が始まったのは、1959年のことだった。時折合理的な思考が戻ってくるのだが、さほど幸福でもなく、うまく適応することもできない。そういう時期が終わるとまた妄想的な思考に戻る。そして何年もかけて、徐々にそこから抜け出すのだった。

数学的な思考は、論理的で合理的だ。詩を書くのとは違う。一般に数学に効率的に取り組める人は、そういう作業をする際に、主として合理的な考え方をしているはずだ。とはいえ、きわめて特殊な妄想──ある種の極端で例外的な宗教的熱狂──を持っていたとしても、よき数学者でありうるのではなかろうか。そんな気がする。

今日わたしの業績のなかでもっともよく知られているのは、ゲーム理論への貢献だ。この業績に対して、ノーベル経済学賞を受けた。これは数学の賞ではないが、わたしの業績は数学的なものだった。このときに使ったのが、トポロジーの核ともいうべきブラウアーの不動点定理だ。この定理にはトポロジー的、幾何学的に特別な性質がある。空間が関係していて、その空間の次元がさまざまでありうるのだ。

現在わたしは、とくに興味があるゲーム理論、時空と相対性理論、数理論理学などのいくつかの分野を研究している。数学者のなかには具体的な問題解決者(プロブレム・ソルバー)もいれば、理論を展開する人もいる。理論を展開する人々は、数学のある分野の互いにひじょうに密接に関係しているトピックを長い年月をかけて研究していくのだろうが、わたしはそういうタイプではなかった。あまり専門に特化することがなかったんだ。

キャレン・K・アーレンベック　KAREN KESKULLA UHLENBECK

テキサス大学のシッド・W・リチャードソン財団指導教授
専門：偏微分方程式、ゲージ理論
受賞：アーベル賞

　過去について話そうとすると、すぐに語りすぎ、そうでなければ、今度は言葉足らずになってしまう。子ども時代を第2次大戦後の楽観的な風潮のなかで過ごせたのは、ほんとうに運がよかった。わたしたち子どもは、ニュージャージー州北部の田舎の丘で遊びながら、来るべき偉大な文化の世界へと踏み込む準備をしていたんです。絵画、音楽、科学、そしてそのほかの知的な活動に向かう準備を。母は画家で、わたしの人生にずっと大きな影響を与えてきました。もう、ずいぶん前に亡くなったのですが……。わたしは母を通して、伝統的でない生活スタイルや知的な野心に、多からず少なからず、ちょうどいい具合に接することができたのです。

　ニュージャージーの田舎の女の子が周りの期待通りに振る舞っていたら、決して数学者にはなれなかった、ということを忘れてはなりません。わたしはエンジニアだった父を通して、物理学者のジョージ・ガモフや天文学者のフレッド・ホイルの啓蒙書に触れました。そして、ゆくゆくは科学的な活動と屋外での活動を両立させたい、と考えるようになった。別に、することは何でもよかったのです。数学がたいへんよくできるということがわかり、数学との恋に落ちたのは、たぶんただの偶然だったのでしょう。

　数学についてきちんと学んだのは、ミシガン大学の新入生の優等過程に入ってから。微分係数を計算するために極限を取るときのスリルや、ハイネ・ボレルの被覆定理を証明するときに使う小さな箱のことを、今もはっきり覚えています。たちどころに数学の構造や優雅さや美しさに打ちのめされ、すっかり心を奪われた。自分が初めて理解した定理のことは、いまだに細かいところまで鮮明に覚えています。そして自分自身が初めて証明した定理のことは、さらに鮮烈に……まるで教科書に載っているように思い浮かべられます。でもそれは、教科書をのぞいたりせずに、自分で考えぬいて発明した定理だった。ここまで来れば、数学の研究まではあと一歩。今でもわたしは、内輪の細かくて出来のよい議論が好きです。それらの小さな着想の上に打ち立てられた、大きくて複雑で無機質な構造に対しては、畏敬の念でいっぱいなのですが……。

　運よくわたしは、数学におけるここ30年の大きな展開の登場人物の一人になることができました。ちょうどこの時期に、幾何学の研究で偏微分方程式の理論や構造が使われ、展開されるようになってきたのです。核となる着想の多くは、数理物理学からのもので、じつに知的で興奮に満ちた日々でした。数学の外の人々に数学の力や美しさを説明するのは難しいことです。数学は外の世界から概念を取ってきて、それを抽象化し、あれこれいじって構造を作りだし、びっくりするほど広く有益な結果とともに吐き出します。わたしたち数学者の大半にとって、数学的な構造を音楽の構造に例えるのがベストなのかもしれない。数学者の多くが、真剣な音楽家でもありますし。

　数学者であるために、いったい何が必要か。自分の経験からいうと、理論やその構造の操作に魅惑されることがポイントでした。優秀でなくてもかまわない、でも、偉大なゲームを愛する心が必要なのです！

　数学が役立つというのがほんとうに喜ばしいことなのかどうか、わたしにはよくわかりません。（母によると）使うことで、善ではなく害がなされる可能性が高い。わたし自身は、美しさというご褒美があれば十分満足なのです。

ジェームズ・H・シモンズ　JAMES HARRIS SIMONS

ルネサンス・テクノロジーズLLCの創設者
専門：微分幾何学

　自分の記憶の限りでは、わたしははじめから数学に興味を持っていた。ごく幼い頃に、2の冪を片っ端から計算したのを覚えている。さらに、父に車のガソリンがなくなることがあると聞かされて縮み上がり、なぜなくなってしまうのかを考えた。それなら残りのガソリンの半分だけ使って、さらにその残りの半分というふうにすればいい。別に、計算が得意だったわけではない。計算は間違えたけれど、数学が自分に向いていることを知っていて、なるべく早く前に進もうとした。マサチューセッツ工科大学（MIT）に入ると、すでに数学で飛び級をしていたので、少し先のことから始めた。そして1年の春には、大学院の代数学の講義を取った。なぜなら代数では数学の高等な素養はほんの少ししかいらなくて、ほかには事前知識がいっさいいらなかったからだ。とはいえ高等な数学の素養は皆無だったので、その講座に苦労して取り組み、問題を解きはしたものの、実は何も理解できていなかった。だが夏休み中に何かがかちんと音を立て、すべてがうまく収まった。次の年には別の高等なテーマで再び同じ経験をした。最初は混乱し、ある程度時間が経つと、かちんと音がする。

　MITを卒業してカリフォルニア大学バークレー校で博士号を取ると、MITとハーバードで教鞭を執った。そして14年間、数学者として仕事をした。さらに父とわたしは、南アメリカでMITの数名の友人とともに投資を行った。結果としては大成功を収めたのだが、それには長い時間がかかった。その間、わたしはせっせと数学をしていた。

　やがてプリンストンに移ると、ベトナム戦争の暗号解読者として働いた。防衛分析研究所（IDA）のための仕事で、アメリカ国家安全保障局が管轄する高度な機密を扱った。IDAの方針で、勤務時間の半分を自分の数学研究にあてられたので、その4年間に一つの問題を異なる視点から見たときに生じるプラトー問題とベルンシュタイン問題を解いた。上司の上司はマックスウェル・テイラーという有名な将軍で、ジョン・ケネディーの軍事助言者だった。この将軍がニューヨーク・タイムズ誌にベトナム戦争で自分たちが勝ちつつあるというくだらない巻頭記事を書いたので、頭にきたわたしは、テイラー将軍のもとで働く全員が将軍の見解に同意しているわけではない、という手紙をタイムズ誌に送りつけた。そしてくびになった。

　29歳のわたしには職が必要だった。するとニューヨーク州立大学ストーニーブルック校が、数学科長のポストを打診してきた。当時のわたしは常に何か新しいものを組織したがる好戦的な若者で、みんなもそれを知っていた。そのオファーを受けたわたしは学部を作り、数学に取り組んだ。そして、「チャーン・シモンズ不変量」と呼ばれるものを生み出した。その後も活発に数学に取り組んでいたのだが、あるとき欲求不満に陥った。なぜなら、取り組んでいた問題がどうしても解けなかったからだ。ちょうどその頃、南アメリカでの投資がついに黒字になった。それで、職を変える潮時だと思い、それを実行に移した。

　投資ビジネスに参入した時点では、数学を応用しようとはまるで考えていなかった。いくつかアイデアがあって、それがうまくいっただけだ。その数年後に数学を応用し始めたんだが、その数学は以前自分がしていたものとはまるで違っていた。それまでのわたしは純粋数学者として、きわめて抽象的な数学である幾何学やトポロジーをやっていた。投資ビジネスにかれこれ30年携わってきて、ある種の数理的手法を使ってきたが、投資という仕事は、学問の世界で行う必要がある深くて抽象的な思考とはまったくかけ離れている。

　おもしろいことに、ベトナム戦争の間に暗号解読者として携わっていた仕事が投資にひじょうに役立つことがわかった。暗号解読者は、敵国からの大量のデータに目を通す。そして何かを思いつき、それを試してみる。ほとんどの考えは間違いだが、運がよければ、2、3ヒットするものがあって、何かが見えてくる。金融データの予測でも同じことがいえる。あることが起きたときに、あるパターンが見えるのでは？とひらめく。そしてそれを試してみる。その考えは正しいかもしれないし、間違っているかもしれない。これは数理的手法を用いた実験科学であって、数学ではない。

　投資という仕事のほとんどが金融市場のモデリングで、データを正しく組織して未来の予測に役立てようと願いつつ、ちょうどアイザック・ニュートンが登場する前の太陽系のモデリングのようなことをしていく。わたしは金融データをたくさん見て、それに基づく数学的な図を描こうとする。その図はエレガントであるかもしれないが、定理の証明とはまるで違う。ここ数年、わたしは改めて純粋数学に戻っている。数学の問題に取り組むときは、その問題をごく深く考えていく。自分をほかのものから遮断して、とにかくその問題のことだけを考える。するととんでもないときに、ふと何かを思いつく。これはじつにすばらしいことで、往々にして数学以外のことをしているとき、たとえばディナー・パーティーに出ている最中や、映画を見ている最中に起きる。数学の問題を考えていると、ほかのことから隔離されて、気持ちが安らぐ。ほんとうに気持ちがよくて、楽しいんだ。

フィリップ・グリフィス　PHILLIP GRIFFITHS

プリンストン高等研究所の教授、元所長
専門：微分幾何学、代数幾何学

　わたしはノース・カロライナの田舎で育ち、主として田舎の学校に通ってから、アトランタの近くにあるジョージア陸軍士官学校に進んだ。当時は、陸軍士官学校に進学するのが南部の伝統だった。そしてそこで、まさに数学に恋をした。ロティー・ウィルソンというすばらしい教師を通してこの分野に触れたわたしは、なにがなんでも数学のことを考え続けようと決意した。そしてプリンストンの大学院に進み、バークレーでポスドク生活を送った。ハーバードで長年教えたのちにデューク大学の学部長になり、1991年にプリンストン高等研究所の所長になった。

　数学のコミュニティーには、美しい数学というものに関するかなりきちんとした合意があるらしい。創造性を強いることはできない。それはただ生じるものなのだ。懸命に取り組んで、問題と苦闘して行き詰まり、その問題から離れてほかのことをしていると、突然何かが見えてくる。わたしたちが数学をするのは、主として美的な理由による。物理学もまたひじょうに美しい分野だが、この場合は自然と結びついている必要がある。数学は科学の言語なのだ。数学の実際的な面は、わたしたちの生活に浸透している。セキュリティーコードもしかり、風変わりな金融装置を使って市場を操る人々もしかり。

　わたしの主な関心の対象は、常に幾何学だった。とくに現代幾何学に興味があって、この分野はトポロジー（形の幾何学）と代数幾何学（代数方程式とその図、およびその解析）と微分幾何学（曲面や石けんの泡のような計量の入った形）と関わりがある。大学を運営する側に回ってからも、常に一日の最初の数時間を数学に費やし、絶えず学生を抱えてきた。学生が大好きなんだ。彼らにはほんとうに驚かされる。この分野に足を踏み入れたばかりなので、考え方が違っていて、成長する彼らを見守るのはほんとうに楽しい。

　ここ10年、主にアフリカを対象とする世界銀行の科学技術プログラムに関わってきた。アフリカの人々が現地に科学コミュニティーを作るのを助けるためだ。従来、いったん研究のために海外に出たアフリカの学生は、二度とアフリカに戻らなかった。農業であれ、公衆衛生であれ、経済であれ、アフリカでの生活に現代科学や技術を取り入れるには、外から専門家を連れてくるしかなかった。なぜなら自国の専門家たちは、国を出ていたから。

　ここアメリカやヨーロッパ、あるいは中国と比べても、アフリカでは科学や数学に進む子どもが少なく、だれもがビジネスの世界に入りたがる。中国や韓国やインドでは、それほど金のかからないイノベーションが進んで製品がよくなり、生産ラインも向上している。いっぽうアメリカでは、まったく新たな技術を生み出す創造性、科学や数学が生み出す価値の高い知的財産に力点が置かれている。マサチューセッツ工科大学やカリフォルニア工科大学やスタンフォード大学卒業の学生は決して減ってはいない。たぶんこれからも、この国では科学や数学が重要であり続けるのだろう。

　残念なことに、現在の幼稚園から高校までの理科教育、とくに数学教育は、よい状況にあるとはいえない。程度のよい学校でも、数学の教え方は芳しくない。分数を計算したり方程式を計算したりする技能の教育と、概念を教えることとの間で数学戦争が起きている。最近わたしが見た教科書は、以前自分が持っていたものと比べても悲惨だった。だいいち厚すぎる。伝えたいことを150ページくらいでいえなければ、そのテーマをきちんと理解していないということなのだ。明確に説明すべきもっとも大事なことが何なのかを、選ぶ必要がある。そこさえきちんと押さえておけば、残りは生徒たちが自力で解き明かせる。

　今日の世界では、科学リテラシーがきわめて重要だ。物事を量的にとらえる能力や、分析的な能力が必要とされる仕事がたくさんある。証拠に基づく推論──これは科学によって身につくものだ──の点で、われわれは破綻しかけている。この国でよい市民であるには、一般的な科学の知識が必要なのだ。進化論論争を見てみるといい。あるいは新聞におけるデータの提示のされ方を。それがどういう意味なのか、どう解釈すべきなのか、ちんぷんかんぷんな人が大勢いる。

　一つには、教育に問題がある。教育制度に加わる教師のほとんどが、教育系の学校を卒業している。つまり、教育の内容より方法に力点が置かれているんだ。たとえ小学校であっても、数学の教師となるからには、数学に関する修士レベルの理解が必要だ。そのような深い理解があればこそ、初歩的な素材を単純なやり方で教えることができるのだ。そうでなければ、むしろ複雑にすることになる。わたしの最初の先生だったウィルソン女史は、ぬきんでて才能に恵まれた数学者だった。だからこそ偉大な先生たり得たのだ。

ガン・ティアン　GANG TIAN（田剛）

プリンストン大学と北京大学の教授
専門：微分幾何学、シンプレクティック幾何学、幾何解析

　母は数学者だった。ヒルベルトの第16問題を研究して、めざましい成果を上げた。二つの多項式が支配する力学系の研究に関する問題だ。わたしが子どもだった頃、母はよくわたしに、これを解いてごらんといって論理の問題を出した。たいていあまり難しくない問題だったが、とてもおもしろかった。わたしはそういう問題を考えるのが好きだった。母は、歴史物語や中国の古典詩といったことについても話してくれた。わたしが七つのときに文化大革命が始まり、10年にわたって革命が続いた。その間、大学は閉鎖されたも同然で、両親は田舎に行った。わたしは祖父母の家に身を寄せて、あり余る自由時間を享受した。学校がふだん通りに運営されていなかったからだ。同級生とともに工場や田んぼで働いたり、校庭で遊んだりして大いに楽しんだ。母はわたしのために、ユークリッド幾何学と初等代数の古本を手に入れてくれた。わたしは暇なときにその2冊を勉強し、それらに夢中になった。数学が好きになったのは、抽象的でエレガントでこざっぱりしているからだ。ユークリッド幾何学の定理を一つ証明するのにかなりの時間がかかることもあったが、いったん証明ができてしまえば、何かをやり遂げた気がして嬉しかった。でもその時点では、自分が数学者になるとは思ってもいなかった。なぜなら大学は閉鎖されていて、大学に行く望みすらなかったからだ。町に住み続けて職に就くことができれば、それだけで幸運だった。

　文化大革命が終わった直後の1977年に、大学が再開された。わたしは希望に満ち、幸せだった。試験を二つ受けて、わが家に近く国内トップクラスの大学でもある南京大学への入学が許された。そこでの経験は、じつにすばらしかった。たくさんの友達に出会い、しっかりした数学の素養を身につけることができた。前にも増して数学の美しさがわかるようになり、数学をやり続けようと決意した。1982年に中国では有名で権威もある北京大学の修士課程に進んだ。そして解析学の研究を始め、さらに幾何学のトピックも学んだ。1984年にさらに研究を進めるためにアメリカに渡り、数年後、ハーバード大学で博士号を取った。それ以来、幾何学と偏微分方程式に取り組んでいる。

　数学を研究するのは楽しい。だいいち、道具に左右されない。数学の問題を考えていると、自分が独立していて平穏だと感じられる。たまたま問題が解けると、成功したという喜び、ほかの人に先駆けて何かを成し遂げたという喜びを得ることができる。

　わたしの研究分野の一つに微分幾何学がある。この分野には長い歴史があって、その基本的な問題の一つに、空間（多様体）の研究において曲率が果たす役割の理解がある。わたしは、与えられた空間へのよい幾何学構造の構築、言い換えれば、その曲率が適切な意味でより等質に分布する空間の構築を行っている。そのような構造があれば、その空間のトポロジーを理解するのに役立つはずだ。このようなよい構造を構築するには、幾何解析や非線形微分方程式のツールを開発する必要がある。もう一つの研究分野として、シンプレクティック幾何学がある。共同研究者とともにシンプレクティック多様体の不変量を構築し、それを用いてシンプレクティック・トポロジーを研究し、方程式の解を構築するのだ。このような不変量の構築のルーツは、古典的な数え上げ幾何学にある。今、どのような2点を取ったとしても、その2点を通る直線が1本だけあるし、どのような5点を取ったとしても、それらを通る2次曲線が1本だけ定まるし、どのような8点を取ってきても、それらを通る3次曲線が12本だけ存在する。ところが、ある種の微分方程式の解となる曲線を数えることによって、これらの結果をすべてのシンプレクティック多様体に拡張できるのだ。しかもそのうえ、これらの数え上げの数の間に美しい関係があることが証明できる。

広中平祐　HEISUKE HIRONAKA

ハーバード大学の名誉教授
専門：代数幾何学
受賞：フィールズ賞

わたしの家系には、プロの学者は一人もいなかった。ただし父と叔父は、なんとしても学者になりたいと思っていながらなり損なったのだが……。わたしの記憶にある父は、100パーセント、プロの商人だった。しかしわたし自身が高齢になってから、若かった父が「勉学」への異様なまでに強い意志を持っていたと町の古老に聞かされた。父が13歳のときに祖父が亡くなり、家業を継ぐことになったのだ。祖母の意向にあらがってハンガーストライキを行い、ついに医者から命の危険があるといわれたとか。叔父は東京工業大学に進み、物理学者になりたいと考えていたが、祖父の反対にあって夢をあきらめ、家族を支えるためにエンジニアの仕事を選んだという。幸いなことに、わたしには兄弟がたくさんいた。上に3人、下に5人、そのうえ姉妹も6人いる。おかげで音楽であろうと数学であろうと、どんなに抽象的なことを楽しんでもかまわなかった。

数学は単純で明快だ。そこがいい。姉が数学の問題で頭を抱えていると、教科書の例を見てどうすればよいのかを考え出し、姉に教えた。高校時代に一度、大学教授の数学の講演を聴いたことがあるのだが、その先生の言葉にはまごついた。「数学は、この世界の鏡である」。いったいどんな種類の鏡なんだろう。京都大学に入ると、理論物理のセミナー・グループに加わったが、それでも数学への愛は変わらなかった。しばらくして、秋月康夫教授と数名の活発に研究を行っている数学者が組織する代数幾何学のセミナー・グループに加わった。わたしは最年少で、とても可愛がられた。グループのあるメンバーから、特異点解消問題に関するオスカー・ザリスキの業績のことを教わっていつになく興奮したことを、今もはっきり覚えている。

運よく1956年に、京都を訪問していたザリスキに会うことができた。さらに嬉しいことに、ザリスキが教授を務めていたハーバードの大学院に入ることができた。大学院ではザリスキ教授だけでなく、その学生であるマイケル・アルティン、デヴィッド・マンフォード、スティーヴン・クレイマンなどからも多くを学んだ。さらなる運に恵まれて、ハーバードでアレクサンドル・グロタンディークにも会うことができて、パリの高等科学研究所（IHES）に招かれた。1959年の時点で、IHESはわたしが名前を知っているなかでは最小規模の数学の研究所だった。所長が一人に教授が二人、後は秘書が一人だけで、わたしはただ一人の客員フェローだった。それでもIHESでのグロタンディークのセミナーは、パリの数学共同体にとって偉大なる重力の中心だった。

1960年にハーバードで博士号を取ると、最初の職に就いて、結婚した。そして娘が一人と息子が一人生まれた。ちょうどその頃、あらゆる次元の特異点の解消を証明するのに必要なものが、すべて自分の手元にそろっていることに気がついた。細々した技術的な着想が集まって結晶し、すでに自分が得ていたこと——(1) 京都時代からの可換代数、(2) ハーバードで得た多項式の幾何学、(3) IHESで得た大域化の技術——に基づく一つの証明になったのだ。わたしはこれを、わが「幸運の三つ子」と呼んでいる。すっかり興奮したわたしは、すぐにザリスキに電話を入れた。すると教授は、「きみの歯はかなり強いんだな」といってから、セミナーを開こうと提案した。ところがハーバードとマサチューセッツ工科大学の代数幾何学者を目の前にして自分の証明を発表し始めたわたしは、冒頭の定義にいくつか論理的な不備があることに気がついた。ザリスキに、ちょっとセミナーを中断しなくてはならないと伝えると、いいよ、といわれた。論文を丸ごと書き直すには、1ヶ月間集中する必要があった。キャンパスでザリスキと顔を合わせると、彼は優しく尋ねてきた。「きみの定理は、相変わらず定理かな？」。わたしは「はい、まだ定理です」と答えた。わたしたち数学者は、（証明されたと思われる）定理が、（まだ真か偽かを確定する必要がある）「予想」に戻りかねないということをよく知っている。約3ヶ月後、わたしは「特異点の解消」という一つの定理に関する長い論文を完成した。

広中えり子 ERIKO HIRONAKA

フロリダ州立大学の准教授
専門：幾何学的トポロジー

わたしが12歳の頃に、フランス・アルプスの麓の古い農場で、父が大きな暖炉のそばに座っていたのを今も覚えています。自分のところの3人の学生と話をしていて、わたしはそのそばで楽しく本を読んでいました。外は雪、部屋のなかは暖かくてとても心地よかった。ところが急に、父とその年若き同僚たちが話をやめて、深く考え込んだのです。突然しんとなったので、わたしはびっくりしました。その静寂は永遠に続くように思われましたが、誰もがひどく心地よさそうに自分たちの世界に没頭しています。しばらくして一人が何かいうと、全員が黙ったまま、嬉しそうににっこりしました。数学が何なのかはわからないけれど、きっと美しいに違いない、とわたしは思いました。

数学に容赦なく惹きつけられていくいっぽうで、こんなに有名な父親と同じ分野にこの身を捧げていいんだろうか、と気詰まりなところもありました。ですから数学を学び始めたのも、大学に入ってかなり経ってからのことでした。この葛藤が消えるにはかなりの時間がかかり、自分の仕事に思いっきり力を注ぐべきか、それとも息苦しくなるくらい小さくて競争の激しい数学の世界から離れて自分の人生を作るべきか、ずっと揺れ動いていました。今になってようやく、二人の子どもとジャズ演奏家の夫と充実した大学でのキャリアを得て、満足いくバランスが取れるようになりました。

振り返ってみると、わたしはいつだって抽象的な思考が大好きでした。バイリンガルの家庭で育ち、マサチューセッツ、日本、フランスと、ひどく離れた場所の公立学校に通いました。そして、はじめは混沌とした異言語や異文化の衝突にしか見えなかったものから理解が立ち上がる瞬間を愛でられるようになったのです。ある場所で「明らかに普通」なことが、別の場所では「明らかに奇妙」だということがしょっちゅうで、たとえば日本の人々は生魚を食べますが、生のにんじんはほとんど食べませんし、アメリカ人は外を裸足で歩き回ってもかまわないのに、家に入るときは靴を履いたままです。

わたし自身の数学研究も、一見遠く見える分野の新たなつながりを探ることに向かっていきました。ここ数年にわたって興味を持っているのが、代数的整数と曲面の同相写像です。わたしたちは普通、数を孤立した静的なものと見ていますが、曲面の同相写像によってそこにダイナミクスが生じます。それでいて、どちらもきちんと定義された複雑さがあるというか、もっとも単純なモデルからは隔たっているのです。このときそれぞれの文脈で、同じような問いを発することができます。たとえば、この複雑さはいったいどのように振る舞うのか。ある複雑な対象が与えられたときに、必ずそれより複雑でないものが存在するのか。複雑さが最小の対象が存在するとしたら、それはどのようなものなのか。わたしは、代数的整数と曲面の同相写像を同時に引き起こす組合せ論的な構成を用いてこれらの問いに迫り、隠された関係を明らかにしてきました。

幼い頃は、交響曲の音色から形やパターンが飛び出してきたり、数が色と結びついているように見えるさまに目を見張ったものでした。代数的整数と低次元代数多様体と特異点、結び目とリンクの補空間、曲面の同相写像とコクセター系に共通の特徴があることを理解するのも、小さい頃のあのパターンの理解とさして変わらない気がします。子どもの頃の想像とこんなに見事にかみ合った企てに関わることができて、ほんとうにありがたいと思っています。そして何よりも、はるか昔に農場の暖炉のそばに座っていた父と学生さんのなかに見てとった喜びや驚異の一部を自分なりのやり方で経験できていることは、とても幸運だと思うのです。

ジョン・W・ミルナー JOHN WILLARD MILNOR

ニューヨーク州立大学ストーニーブルック校の教授、数理科学研究所の共同所長
専門：微分幾何学、K 理論
受賞：フィールズ賞、アーベル賞

数学者になりたいという自分の気持ちに最初に気がついたのは、プリンストンの 1 年生のときのことだった。父は電気技師で、書棚にはさまざまな工学系の数学書（それと、ドイツ語から翻訳された笑えるくらい簡潔な複素関数論の入門書）があったので、以前から数学に手は出していたんだが、プリンストンで、ほかの分野より数学のほうがはるかに簡単だということに気づいたんだ！

物理学に興味があったんだが、退屈な講義が多く、ラボでの実験もうまくいったためしがなかった。音楽の講義を取ってみて、自分には音楽のセンスがまったくないということがわかり、哲学の講義はまったくの不毛だった。さらに文芸創作講座の教授は、してはいけないことの具体例として、クラスでわたしの詩を読み上げた。これに対して数学科では、すぐにくつろぐことができた。わたしはひどく内にこもった性格で、人とどう交わったらよいのかがほとんどわからなかったんだが、数学の談話室は楽しかった。生き生きとした会話があって、チェスや囲碁やクリーグスピール〔ウォー・シミュレーションゲーム〕などのゲームをやっている人がいて、お節介な人たちが興味津々でそれを眺めている。ナチスの支配下にあるヨーロッパから逃れて来たたくさんの数学者が醸し出す国際的な雰囲気は、わたしにとってまったく新しいものだった（数学教室のことを「砕けた英語の学科」と呼んだりもしていた）。プリンストンでは、ラルフ・フォックス、ノーマン・スティーンロッド、エミール・アルティンなどの専門家から、数学的な概念の魅力や困難だがやりがいのある数学の問題を教わった。

数学におけるわたし自身のもっとも驚くべき発見は、ほぼ偶然の産物だった。50 年前、わたしは多様体──つまり、卵の表面や浮き輪の表面のようになめらかな、ただしもっと次元の高い物体──の構造を理解しようとがんばっていた。3 次元では、角や縁がある立方体のような対象があったとすると、（数学版のサンドペーパーで）角を削ることができて、必ずなめらかな曲面が得られる。ところが驚いたことに、もっと次元が上がると、まったく異なる方法でさまざまななめらかな多様体を得ることができる。とくに 8 次元立方体の 7 次元曲面の場合は、慎重に方法を選ぶと、計 28 通りの本質的に異なるなめらかな多様体が得られる。いわゆる、7 次元のエキゾチック球面（異種球面）だ。わたしはこのような結果を予想はおろか、探しもしていなかった。正確にいうと、異なる二つの方法でなめらかにしたときに得られるはずの多様体を記述しようとがんばるうちに、矛盾らしきものに行き当たってしまったんだ。その矛盾を解消する方法はただ一つ、このようなエキゾチック球面が存在することを肯定するしかない。そしてこの結論から、まったく新たな研究分野が生まれた。

むろんこのような展開は、完全に孤立した形では生じない。数学の概念の世界は二千年以上にわたってどんどん加速しながら作られてきたわけで、わたしのこの主張も、イギリス、フランス、ドイツ、スイス、そしてアメリカの新旧の数学者たちの仕事のおかげを大いに被っている。

数学以外のことでいえば、なんといっても山のなかにいるのが大好きだ。決して達者ではないが、ヨーロッパ・アルプスや北米での登山やスキーの思い出がたいへん気に入っていて、常に標高の高い国に戻りたくてしかたがない。

ジョアン・S・バーマン　JOAN S. BIRMAN

コロンビア大学バーナード・カレッジの名誉教授
専門：トポロジー、結び目理論

　なぜ数学を選んだか、ですか？　「選ぶ」という言葉が正しいかどうか、よくわかりません。どちらかというと、数学がわたしを選んだのでしょう。ごく幼い頃から、いつだって物事がどう機能するのかを知りたいと思っていました。ロッドと糸巻きスプールを使ってばらばらにならずに回り続ける頑丈な風車を作るにはどうすればよいか、といったことを考えていたのです。あるいは、たくさんのビー玉が転がったときにできる渦巻きの模様を予測するとか。そのような問題に興味を持って喜々として独り遊びにふけり、食事ができたといって呼ばれてもやめようとしないことが多かった。ちょうど、今でも数学の問題を考えるのを簡単にはやめられないように。数学に示唆に富んだ問題がたくさんあるということ、そして数学がそれらの問題を解くためのツールをたくさん与えてくれるということに気づくやいなや、わたしは数学に引き寄せられていきました。たとえば、ある小学校の先生が、二つの奇数の積は奇数ですか、偶数ですか、と問いかけました。偶数に奇数をかけたらどうなりますか、それはどうしてですか？　そういう問題は難しく、わたしは難問に食いついた。それと同じくらい重要だったのが、数学がよくできたことです。得意だと、自然に関心が増します。つまりいろいろな意味で、数学がわたしを選んだのです。それでも、数学のキャリアに落ち着くまでには、いろいろと回り道をしたわけですが。なぜなら人生の大きな選択は、決して単純ではありませんから。数学のなかの具体的な専門分野もまた、このわたしを選んだといえます。博士論文のテーマを決めることになり、わたしはさんざんテーマを探しました。ところが組紐に関係するある未解決の問題の存在を知ったとたんに、それに夢中になったのです。組紐や結び目は、自然界の至る所にあります。わたしのファイルには、土星の環に見られる組紐の写真や、DNAの結び目がある長いループの写真や、エボラウィルスに見られるひじょうに鮮明な結び目の写真がとじ込まれています。わたしにとってさらに重要なのが、結び目や組紐が自然界だけでなく数学のなかにも遍在するという事実です。

　結び目の研究は、数学のなかのトポロジーと呼ばれる分野の一部です。ところがこれから紹介する例では、わたし自身が発見したことなのですが、意外なことにトポロジーとはまるで異なる偏微分方程式という数学の分野に結び目が現れるのです。気象学者のE. N. ローレンツは1960年代に気象予報に興味を持ち、気象がきわめて大きな偏微分方程式系によって支配されていると考えました。もしそうであれば、ある瞬間のその系の状態がわかりさえすれば、永遠に正確な予報ができるはずです。ところがまったくそうではなかった。つまり、気象学者たちにはハリケーン発生のメカニズムがわかっているのに、どんなに強力なコンピュータを使ったとしても、長期にわたる未来の進路を予測したり現実的な精度でその深刻さを予測したりすることは不可能なのです。ローレンツはこの事実をよりよく理解しようと、このような予測不可能な現象がもっとも単純な形で現れている例を探し、その現象を説明している3変数の偏微分方程式系にたどり着きました。それらの式は、もはや気象とは関係がなかったのですが……。やがて、それらの方程式の解は今日わたしたちが「カオス」と呼ぶものの実例であるということがわかりました。わたし自身は1980年代の中頃にR. F. ウィリアムズとの共同研究で、ローレンツ方程式の解として現れる閉軌道全体が、互いに異なる無限種類の結び目の集まりであることを突き止めました。しかもそれらの結び目のどの二つをとっても、分離しようとするとどちらかが切れてしまう。これは、たくさんの「構造」がなければあり得ないことです。なぜならこれらの結び目は、3次元空間のなかのなめらかな流れにぴたりと収まっていなくてはならないから。さて、結び目理論と微分方程式は数学の分野としてはまるでかけ離れていて、誰もこの状況では結び目のことを考えていませんでした。ところが今では、大まかにいうと、3次元のある領域におけるカオス的な流れを支配するすべての微分方程式系に対して、そこに見られる結び目の多様さや数がその系のカオスの度合を示す尺度になるとされています。今お話ししたように、ローレンツノットがもたらすものを巡る研究は、現在も進行中です。

フランシス・カーワン　FRANCES KIRWAN

オックスフォード大学の教授
専門：代数学、シンプレクティック幾何学

　数学の研究をすることと、数学者でない人に数学を説明することは、まったくの別物です。それをいえば、同じ数学の異なる分野で仕事をしている同僚に説明する場合も同じ。数学を研究している者にとって、これはもっとももどかしいことの一つです。とはいっても少なくとも部分的にはこのいらだちに勝る事実があって、数学は政治や文化の境界を越えます。わたしが次に読もうとして手に取る研究論文の著者はインド人かもしれませんし、日本人かもしれませんし、ロシア人かもしれませんし、ブラジル人かもしれませんし、わたしと同じイギリス人かもしれません。ですからここでは、わたしがどのようなことを研究しているのか（代数幾何学のモジュライ空間を研究しています）を述べるのではなく、自分がどのようにして数学者になった（と思っているの）かを巡るいくつかの思い出を紹介しましょう。

　数学にまつわるもっとも古い記憶は、父に直角三角形のピタゴラスの定理の証明を説明してもらったときのことで、そこで初めて、何かが常に正しいということを証明できるという認識に出会いました。その次はかなり下って、ケンブリッジの学部で最初に出席した講義の記憶になります。講師（のトーマス・コーナー）は靴と靴下を脱いでから、靴の次に靴下という間違った順序で履こうとしました。そうやって、作用の合成が一般には可換でないことを示そうとしたのです。お恥ずかしい話ですが、ケンブリッジの講義のなかで、講師その人と彼（講師は常に彼女ではなく彼でした。一人だけ例外がいたかもしれませんが……）が語ってくれたことをいまだにはっきり思い出せるのは、この1回だけです。

　それから、自分が数学の研究者なのだと初めて感じた瞬間の記憶。オックスフォードの院生時代には、指導教官のマイケル・アティヤと週に1回打ち合わせをすることになっていました。わたしたちはその前の打ち合わせで、のちにわたしの博士論文のテーマとなるある特別な事例について話し合っていました。それから1週間の間に、二人でほいほいと調子よく作った仮説が正しくないということに気づいたわたしは、どう修正すればよいかを考えていました。そして再びアティヤと顔を合わせたときに、わが指導教官がまさに自分と同じ路線で考えを進めていたことを知ったのです。これはたいへん満足のゆくことでした。

　わたしは共同研究が好きです。一つには、難問の答えを誰かとともに理解する喜びが得られるからで、その喜びを初めて感じたのは20年以上前、ハーバードの博士研究員、ジュニア・フェローだった頃のことです。イェール大学でセミナーを行ったところ、その場でロニー・リーが共同研究をしようと言い出したのです。それからさんざん議論を重ねたのですが、それもまた楽しく学ぶことの多い経験でした。そして最後に、いくつかの共同論文をまとめることができたのです。一人きりで研究しても、もちろん満足感は得られますが、何かがひらめいたときには、その着想によって何がどうはっきりしたのかを誰かに説明したくてしかたなくなるものです。そして同じ問題に懸命に取り組んできた共同研究者なら、たいていはその説明に喜んで耳を傾けてくれるものです（さらに、もしも議論の穴があったなら、それを指摘してくれることも多い）。共同研究者がいないと、適切な聞き手がそう簡単に見つかるとは限りません。たとえば夫や子どもたちに、自分の研究が前進してどんなにわくわくしているかを話すことはできて、家族のみんなも喜んではくれるでしょう。でも、わたしが何を成し遂げたのかを説明してほしいと思っているわけではないのです！

ロビオン・カービー ROBION KIRBY

カリフォルニア大学バークレー校の教授
専門：低次元トポロジー

運よくわたしは、1938年に生まれた。だから兵隊に取られる心配はなかった。そしてこれまた運よく、すばらしい両親のもとに生まれた。二人とも少しだけ大学院に行っていたが、暮らしはわりと貧しかった。父は（物静かな）良心的兵役拒否者だったので、第2次大戦中に幾度か職を失った。そして、1948年に41歳で大学院に戻った。だから1954年にわたしがシカゴ大学に入るまで、わたしたちは授業助手の給与だけで生活していた。金がないということは、子どもにさまざまな影響を及ぼす可能性があるが、わたしの場合は、物はさして重要でなく、物なしで暮らしていくのもそう辛くはない、ということを学んだようだ。わたし自身もそうだが、かなりの数の数学者が、何によらず最小限でよいとするミニマリストなのだ。

わたしは、ワシントン州とアイダホ州の小さな町で育った。学校に入る前から計算や読み書きができたので、ふだんは教室の後ろのほうで退屈しのぎに本を読んだり、ぼんやりして過ごしていた。アイダホのファラガットで1番のその学校には教室が三つしかなく、複式学級だったから、4年生のときに5年生の勉強ができて、学年を1年飛ばすことになった。そのうえわたしは、授業を聞かなくなった。というよりも、こちらときちんと向き合っていない人のいうことは、教師であろうとコーチであろうと聞こうとしなかった。ゲームには熱中した。チェスに、ポーカーに、ちょっとしたスポーツ。でも、チームプレイはからしきだった。コーチの話を延々と聞かされたり、右翼手としてグランドに立たされたりする時間が長すぎたからだ。

やがて消去法によって、なんとなく自分が数学向きであることがわかってきた。いつだって数学は容易かったけれど、別に神童だったわけではない。10歳の頃には、学校で何時間もかけて、ケーニヒスベルグの橋をきっかり1度ずつ渡ろうとがんばった。それが不可能だということを証明できるなんて、思いもしなかったのだ。そのいっぽうで、チェスでなら誰にも、父にも負けなかった。カレッジのチームはインカレで2回優勝し、わたし自身もさして苦労せず全国で25位になった。やがてチェスへの熱が冷めてくると、時折、自分には何かチェスと同じくらい得意なことがあるんだろうか、と考えるようになった。やがて数学への興味が増してゆき、結局数学こそが最良のゲームだと判断した。シカゴ大学の4年のときにジョン・ケリーの『位相空間論』を手に取り、そこに載っている問題に取り組むうちに、そう思うようになったのだ。法律学校の友達がたくさんいて、その連中が法学の講義でちょくちょく仕入れてきた不法行為や憲法判例の話もおもしろそうだった。それで、法律家という職業はどうかな？と少しだけ考えてみたが、やはり自分の生業は数学にすべきだと心に決めた。

ほかにも道はあるだろうに、という助言は無視して、シカゴの大学院に潜り込んだ。かろうじて試験を通り、やがて研究はおもしろいと心底感じるようになった。院生時代には、「円環域予想」に興味を持った。ソーンダース・マックレーンには、論文のテーマとしてはちょっと難しいよ、と助言されたのだが（事実、難しかった）、いいアイデアといえば、この予想のことに決まっていた。1968年に生後4ヶ月の息子の面倒を見ていたとき、ある考えが浮かんだ。現在「トーラス・トリック」と呼ばれている着想だ。それから数日もしないうちに、自分が円環域予想をPLホモトピー・トーラスの問題に帰着させ、n次元空間の同相写像の空間が局所可縮であることを別の方向から証明していたことに気がついた。

その時点でわたしはすでに1968年の秋を高等研究所で過ごすべく手配を済ませていたんだが、これは幸運な選択といえた。なぜならそこで、ラリー・ジーベンマンという完璧な共同研究者に出会ったからだ。わたしたちは円環域予想にけりをつけて、さらにそれとは別のミルナーの問題を二つ解いた。次元が4より大きい場合の多様体の3角形分割の存在と一意性についての問題で、その証明には、テリー・ウォールがその直前に証明したものの完全な形にはまとめていなかった結果を使った。

運は、ここでもわたしに味方した。わたしがもっと鋭くて、数年前にトーラス・トリックに気づいていたら、これらの定理を単連結でない手術の問題に還元していたはずで、そうなれば、ウォールがこのパズルの最後の欠片をはめて最終的な栄光を手に入れていたに違いない（教訓：自分の定理は最良のタイミングで証明すること！）。

30にして、わたしのキャリアは完成した（実際、もう一度運に恵まれることはありそうになかった。30代の多くの運動選手同様、わが最良の仕事はすでに終わっていたのだろう）。わたしはバークレーに移って愛する山や川の近くで暮らし、わが数学の一族にさらに50人の博士課程の学生を加えることになった。これらの数学上の息子や娘、さらにその子孫たちは偉大なる友人であって、わがキャリアの最良の部分となっている。

高校時代には、専門化しすぎるよりも博識なほうがよいとさんざんいわれたものだった。しかしわたしは「器用貧乏になる」と考えて、それらの助言を無視してきた。それでもやむを得ず、ほかの活動に引きずり込まれることがあった。わたしは長年息子と娘の親権を持つ片親だったし、熱心な急流カヤック乗りでもあり、絶えず公共政策のことを考えているデニス・ジョンソンとともに（そしてしばしば父や兄弟とともに）有名な初下りをいくつかやってのけた。そして今や26年にわたってリンダの幸福な夫であり、リンダはわたしの知るどの数学者の伴侶よりも、数学者との生活を楽しんでいる。

バート・トタロ　BURT TOTARO

ケンブリッジ大学の天文学と幾何学のローンディーン教授
専門：代数幾何学、トポロジー、リー群

　わたしが数学を始めたきっかけですか？　母によると、セサミ・ストリートの影響が大きいということで、わたしもたしかにそうだと思います。小さい頃から字が読めたのは、そこら中で目にする言葉が何なのかを知りたかったからです。父は、60年代のまだ大会社しかコンピュータを買えなかった時代、コンピュータ自体が巨大だった時代に、コンピュータ・プログラマをしていました。父と一緒に数学の問題のフローチャートをいじったりもしていて、70年代に初めてパソコンが登場したときは、喜んで使おうと思いました。当時は、コンピュータに何かおもしろいことをさせようと思うと、自分できちんとプログラムを組まなくてはならなかった。そのためには体系立てて必死に考える必要があって、わたしは、自分がコンピュータに何をさせたいのかを考え、どうすればそれを実行させられるのかを探り出すのはなんておもしろいんだろう、と思いました。

　学校では、数学が次第に洗練されていくところが好きでした。ユークリッド幾何学は大きな一歩で、単純な仮定から出発してあっと驚く幾何学的事実を証明する方法が身につく。わたしが習った先生のなかにも、フローレンス・カーとかジョー・ハイザーといった自分の仕事を心から愛する人々がいました。微分積分学も、途方もなく大きな一歩でした。この数学がありさえすれば、固定された状況だけでなく、ものが変化する様子を記述することができるんですから。

　というわけでここまでは、わたしの物語もごく平凡なものでした。ところがここで、大きな幸運が二つ転がり込んできました。まず、両親とわたしがジュリアン・スタンリーという心理学の教授に出会ったことです。この人は、能力のある子どもは飛び級させるべきだと強く主張していました。わたしの場合はこれがうまくいって、13歳で大学に入る準備が整ったのです。もう一つ幸運だったのは、わたしを喜んで受け入れようといってくれたのが、アメリカの数学の中心であるプリンストンだったことで、数学もさることながら、プリンストンの雰囲気も重要でした。この大学は主として学部生の求めるものを与える形で運営されており、学生たちに細かく注意が払われていたので、自分の道を見失う心配がまったくなかった。もっと規模が大きな学校では、えてして見失うものなのです。

　プリンストンを卒業すると幾何学者としてバークレーに行ったのですが、その時点で、少し熱が冷めかけていました。自分には難しすぎる分野だと感じ、しかも、この分野のきわめて厳密な問題がほんとうにそこまでおもしろいものなのか、確信が持てなくなっていたんです。この二つは明らかに関係していて、興味がなければ、懸命に努力しようとしなくなります。ところがバークレーのある特別な歴史的瞬間が、わたしにとっての助け船になりました。当時のバークレーの大学院はトポロジーにどっぷり浸っていて、結び目のジョーンズ多項式といった有名なものが作り出されている最中でした。トポロジーの院生たちがしょっちゅう質問に来たのですが、それが、幾何学者であれば日々の鍛錬のなかでそういう問いは発するなと教え込まれるような、幾何学的構造に関する奇妙な質問だった。でも、その奇妙な感じを棚上げにしたとたんに、ごく自然に、自分が研究している幾何学的図形のトポロジーに思いを巡らすようになったのです。

　それ以来、わたしは幾何学をトポロジーの観点から研究してきました。つまり、たとえば円のような正確に定義された図形を、何か柔らかいもの、たとえばゴムとか紐でできていると考えて伸ばしてみるのです。この観点に立つと、じつにさまざまな形を同じとみなすことができて、コーヒーカップをドーナッツに変えることが可能になる。それでもいくつかの情報は残って、たとえばボールを伸ばしただけでは決してドーナッツにはなりません。なぜならドーナッツには穴があるからです。

　数学者たちは昔から常に、問題を正確に解こうとしてきました。今では、ほとんどの問題に正確な答えがないことがわかっています。それでも、一般的な解の形くらいは理解できるかもしれず、トポロジーはこういった形について語るための言語をもたらすのです。そして、揺れすぎた橋が壊れる様子とか、DNAのらせんの絡まり具合など、ありとあらゆる種類の物理現象についての新たな視点を与えてくれます。とはいえ正直いって、わたしは具体的に何かに応用したいからではなく、形を理解するのが楽しくて、この分野に取り組んでいるのですが。

サイモン・ドナルドソン SIMON DONALDSON

インペリアル・カレッジ・ロンドンの王立協会研究教授
専門：微分幾何学、代数幾何学
受賞：フィールズ賞

わたしが数学者になるにあたって大きかったのが、父の影響だ。少なくとも、広い意味での影響は大きかった。今でもはっきり覚えているんだが、わたしが幼い頃、父は嬉しそうに「……そして、研究に戻れるようになったわけだ」といっていた（おそらくその前に、ようやく何か雑用が済んで、という話があったのだろう）。「研究」というのがどんなものなのか、わたしには見当もつかなかったが、それ以来この言葉はロマンスと魅力の香りを帯びるようになった。

父はエンジニアで（わたしの二人の兄弟もエンジニアになった）、理論的すぎる仕事についてしばしば否定的なことをいった。「生み出すのは論文ばかり」、「もう長いことドライバー1本手に取ったことがないに決まってる」と声高に非難したものだ（もっとも、心底そう思ってたわけではなく、あらゆる科学に深い関心を抱いていた）。うちのなかはいつも、模型飛行機を作るといった創造的で実際的なプロジェクトでいっぱいだった。わたし自身はといえば、実際的なプロジェクトを進めようとしても、ほとんど成功したためしがなかった。成し遂げたいと思う内容が、実現に必要な忍耐や能力を上回ってしまうのだ。それもあって、わたしは数学に近づいていった。数学の世界では、どんな構想を立てようと、現実の困難が立ちはだかっていらだたしい思いをすることはない。もう一つひじょうに重要だったのが、わたし自身がヨットや帆走、そして海に関連するすべてに夢中だったことだ。そのため13歳の頃に、大きくなったらヨットの設計者になると決めて、実際にヨットの設計を始めた（とはいえ、実際にそれらのヨットを作るつもりはなかった。作るのは、金持ちの客がついてからでいい。というわけでこの企ては、実現可能性の制約を受けなかった）。わたしはこの作業に没頭した。ヨットを設計するには、自分の計画に基づいて体積や面積やモーメントなどを計算する必要がある。というわけでごく自然な成り行きとして、わたしはさらに数学を学んだ。そして次第に数学そのものがわたしの興味の核になり、ヨットの設計はどうでもよくなった。

もう一つわたしがついていたのは、すばらしい数学の先生たちに恵まれたことだ。学校の数学と物理でよい成績を上げることは、わたしにとってとても重要だった。この方面では、祖父の影響が大きかった。現代語学の教師だった祖父が、まだ幼いわたしの歴史や学術的なこと全般への好奇心をかき立ててくれたのだ。

16歳の頃には、かなりはっきりと数学者になりたいと考えていたし、数学者がどのようなものなのかも、少しはわかっていた。自分が思いついたさまざまな問いについて調べてみたものの、前に進むことはほぼ不可能だった。ある意味で、わたしはませていたのだ（といっても、数学オリンピックでとくにいい点を取ったわけでもなければ、のちにケンブリッジの学部の試験でよい点を取ったわけでもない）。これらの試みのおかげで、オックスフォードの博士課程の学生としてナイジェル・ヒッチンやマイケル・アティアとともに正式な数学研究者としての生活を始めたときも、それほど苦労はしなかった。

わたしは（ヨットを設計していたせいなのか）主として図を描きながら考える人間なので、ごく自然に幾何学に引き寄せられていった。学部生時代は、微分幾何学を学ぶことはそう簡単ではなかった。というのも標準的な講義に含まれていなかったからなのだが、この分野を知ったおかげで、わたしにとっての数学の魅力はさらに増した。わたしは父の喩えにあったドライバーを尊重していて、ごく具体的な問題、実際に何かきっちりした数学的対象を作り出し、取り扱っていると感じられる問題のほうが好きだ。

研究者としてのキャリアを始めたとき、わたしはある幸運に恵まれた。1980年当時、素粒子物理学から生まれたヤン・ミルズ方程式が、とくに幾何学やロジャー・ペンローズのツイスター理論との関係で純粋数学に大きな衝撃を与えていた。ヒッチンがわたしに示したプロジェクトには、それとはかなり異なるタイプ、微分幾何学と代数幾何学を結びつけながらもむしろ解析学や偏微分方程式に向かう問いが含まれていた。幸いなことに、その数年前にキャレン・アーレンベックとクリフォード・タウビズが別の目的で、関連する解析的技法の開発に大きな貢献をしていた。もちろんこれはインターネット経由で論文を簡単に探せるようになる前の話で、郵便でアメリカからアーレンベックのプレプリントが届いた日の興奮は、今もはっきり覚えている。当時わたしは博士課程の1年だった。研究におけるよいアプローチとは、何が正しいはずなのかを思い描くことなのだろう。つまり、ある数学的な対象がどのような性質を持つのかを想像しておいて、その結果を調べるのだ。その結果が矛盾に行き着けば、最初に描いた図を変える必要があるとわかり、いっぽうその結果がほかのやり方で明らかになっている事実にうまくはまって何かおもしろい予測が得られれば、それは最初の図が正しいことの優れた証拠になる。（決して意識していたわけではないのだが）この戦術に従ってヤン・ミルズ・インスタントンの性質を調べていったわたしは、博士課程2年のはじめに、ヤン・ミルズ・インスタントンを意外な形で4次元多様体のトポロジーに応用できることに偶然気がついた。以来27年間、わたしの研究の主な二つのテーマはこの研究の延長線上にあり、さらにもう一つ別の方向として、代数幾何学と微分幾何学と偏微分方程式の結びつきを展開している。

アンリ・カルタン　HENRI CARTAN

パリ第 11 大学の名誉教授
専門：代数的トポロジー、複素解析

字を読むことは、家で教わった。一家でパリに住んでいて、6 歳でリセ・ビュフォンに入学した。初めての試験が終わると、両親に「24 番だったんだよ、偉いでしょ！」といった。数が大きいのは自分が優秀だからだ、と思っていたのだ。両親に 1 番のほうがいいんだよといわれて、それからはずっと 1 番を取り続けた。

夏になると、イゼール県のドロミューという小さな村で過ごした。近くには、父のエリ・カルタンが若い頃暮らしていた実家の鍛冶場があった。その村の学校の校長が父の類まれな数学の才能に気づいたことから、父はすいすいと科学アカデミーまで上り詰めた。父は、ひじょうに謙虚な人だった。自分の値打ちを意識はしていたろうが、決してひけらかすことがなかった。数学をしろといわれたことはないが、父に話しかけたり質問したりすることは、いつでも歓迎された。ある日、一緒に森を歩いていた父が、ユークリッドの公準は必要ないといったことを、今もはっきり覚えている。その事実を飲み込むのは、とても難しいことだった！　ずっと後になって、ともにいくつかの問題に取り組んだこともあったが、普段は別々に研究をしていた。

自分が数学を専攻するだろうことは、最初からわかっていた。わたしにとって数学は、ずば抜けて優秀な基本科学だった。バカロレア〔大学入学資格〕を取得した時点で、当然競争の激しいエコール・ノルマル・シュペリウールの数学の入学試験を受けるものだと思っていた。それにしても、それまでに学んできた数学にはいろいろと気になる点があった。幾何学の最初の授業でまごついたことを覚えている。公理の述べ方に不足があることを、知らず知らずのうちに感じとっていたのだ。そこで、自分自身が教える立場に立つと、すべてが間違いなく論理的に一貫するようにした。そしてじきに、気難しい完璧主義者という評判を得た！

そこでわたしは、友人のアンドレ・ヴェイユに助言を求めた。二人とも、ストラスブールのある大学で教鞭を執っていたのだ。ヴェイユはわたしの質問にいらだったに違いない。一緒にパリに行って何人の数学者と合流し、数理解析の論文をまとめるべきだと言い出した。そうすれば、わたしの絶え間ない質問から解放されるはずだった。こうして、ブルバキ・グループが始まった。

じきに、これがとんでもなく巨大な企てだということが判明した。数学の基礎から改めてやり直す必要があったのだ。わたしは困難な課題が大好きだったし、こんなにたくさんのよき友と仕事ができるなんて、もう嬉しくてたまらなかった。実際、わたしが学んだ数学のほとんどは、この共同研究の間にブルバキを通じて身につけたものだ。正しいことを発見して、それをできる限り簡潔かつ優美に示すのが楽しくてしかたなかった。それと、数学を教えることにも自分の時間の多くを割いた。数学に対する自分の情熱を学生と分かち合おうと、懸命に努力した。新たな世代の科学者の一員として、ある種の数学理論の提示の仕方を根底から変える義務がある、と強く感じていたのだ。

数学以外でわたしが熱心なのは、音楽だ。弟のジャンはきわめて才能豊かな作曲家だったが、結核で早くに亡くなった。音楽は常に――そして今も――わたしの日常生活の一部になっている。そして政治も。第 2 次大戦が終わったとき、わたしはドイツの同僚たちに心から感謝した。もう一人の弟であるルイの消息を探ってくれたからだ。ルイはレジスタンスをしていたために強制収容所に送られ、そこで亡くなっていた。あのときわたしは、好戦的な愛国心からくる偏見とはまったく別に、男同士の友情が存在しうることを実感した。その経験から、自分もそれなりの責任を負うべきだ、とくにソビエトの反体制派を解放させるためにできる限りのことをするべきだと思うようになった。1952 年以来、わたしは国益の論理に縛られない連合ヨーロッパを実現するために、活発な働きかけを行っている。そしてわが人生の黄昏に差しかかった今も、自分の夢がかなうことを信じている。

ロバート・D・マクファーソン　ROBERT D. MACPHERSON

プリンストン高等研究所のヘルマン・ワイル教授
専門：微分幾何学、代数幾何学

　物理学者だった父にとって、「数学者」というのはもっぱら貶し言葉だった。「数学者」とは物理的な直感に欠け、的外れな問題にとらわれている人間のことだった。だが結局は父も、わたしのキャリアの選択に一つ長所を見つけた。数学をすることによって、異なる文化を経験できるというのである。数学のコミュニティーはきわめて国際的だ。証明は、それが何語で書かれていようと、あくまで証明だ。さらに数学者は実験室を持たないから、あちこち移動できる。わたしはこれまで10の国で少なくとも1ヶ月は暮らしたことがあり、友と呼べる数学者の国籍の数はそれよりはるかに多い。

　はじめは、どの職業を選ぶかあまりはっきりしていなかった。大学の学部では、数学よりも物理や音楽に費やす時間のほうが長かった。結局、数学者のほうが互いの仕事を純粋に評価し、尊敬しているように見えたので、この世界に入ることにした。今でもこの印象は正しいと思っているし、だからこそプロの数学者たちが醸し出す雰囲気は、わたしが知っているどの分野よりも心地がよい。数学のキャリアには一つ難点があって、ある着想がうまくいかないと、普通は何もなくなる。どんなにカリスマ性があろうと博学であろうと、間違った証明の埋め合わせにはならないのだ。

　わたしはいつだって、数学のなかでも人気のない分野で仕事をするのが好きだった。人気がある分野で仕事をすることの利点は十分承知している。その問題をともに論じられる専門家のコミュニティーがあって、研究集会で定期的に顔を合わせる友人のグループがあって、自分自身と引き比べられる基準集団があって、自分の最新の結果を即座に評価してくれる人がいる。でも、わたしには向いていない。

　ところが、たとえこちらが人気のない分野で仕事をしていたとしても、何か豊かな着想を発見すると、それに気づいた人々が一斉に乗り込んでくる。そこでわたしはその分野を後にして、もっと人が少ない分野に移る。

　わたしは骨の髄まで幾何学者だ。数学的な概念を発見するときは、じつに納得のいく幾何学的な図が頭に浮かぶ。脳裏に浮かんだ図を人に伝えるために言葉に翻訳する作業は、いつだってひじょうに骨が折れる。いったん言葉にしてしまうと、頭のなかのイメージよりも現実味が減って、生気も減るような気がする。わたしたちの時代には、世界中の真の幾何学者のほとんどが低次元トポロジーに取り組んでいた。低次元トポロジーは美しい分野だが、わたし自身は一度も魅力を感じたことがない。わたしが仕事をしてきた分野では代数学者が優勢で、彼らは一般に、自分の考えを苦もなく言葉に翻訳してみせる。思うに、数学が有意義な形で前進していくには、さまざまなアプローチでの貢献が必要なのだろう。数学にとって有益な貢献をするうえで重要なのは、卓越した才能ではなく、唯一無二のオリジナルなアプローチなのだ。

　わたしの数学の論文は、ほぼすべてが共著だ。わたしは一人で仕事するのが大嫌いだ。ともに仕事をすることで、自分には欠けている言葉の能力を補うことができる。それに、数学研究について回る孤独の問題にも対処できる。わたしのいちばんよい業績は、マーク・ゴレスキーとともに成し遂げたものだ。わたしたちはほかの数学者がほとんど気にもしていなかった頃に、何年もかけて、特異空間のホモロジーについての研究を進めた。以来わたしたちは数学のパートナーとしてほかにもいくつかの数学プロジェクトを手がけ、さらに彼はわたしの生涯のパートナーになった。

マイケル・フリードマン MICHAEL FREEDMAN

カリフォルニア大学サンタバーバラ校のマイクロソフト・ステーションQ所長
専門：トポロジー、物理学、計算機科学
受賞：フィールズ賞

父のベネディクトは数学の神童で音楽の才能があり、さらに優れた書き手でもあった。わたしは生まれた時点ですでに平均値寄りだったが、それでも子どもの頃は、数学である種独特な才能を見せていた。といってもとくに計算に強かったわけではなく、数学のほかに目だった才能もなかった。ただし、印象派のような絵を描いていて、母のナンシーには才能の片鱗がうかがえると言い聞かされていた。わたしは幼くして数学もまた一つの芸術だと知ると、自分もそこに足跡を残せるはずだと思い込んだ。これはまったく根拠のない見通しで、うぬぼれもいいところだったが、このような確信を持てたのも、母がわたしの才能に絶対的な信頼を置いていたからなのだろう。あの頃は、自分が数学において早熟だという証拠を示す必要はまるでないようだった。わたしは小学校から大学の学部まで一貫して神童で通っていた。テストもいくつか受けたが、とくによくできたという記憶はない。最近よく本物の神童——たいてい母親に連れられてくる——と会う機会があって、かつて自分を神童だと思っていたことが恥ずかしくなる。

16歳になっても、絵描きになるか、数学者になるかを決めかねていた。カリフォルニア大学バークレー校に入学したときは、大きなスーツケース二つに衣類やタオルやシーツや毛布を詰め込み、自分の絵の緩衝材にした。母からは、美術学部の学部長に絵を見せて、どうなるか様子を見てごらん、といわれていた。大学に着いたのは金曜日の午後で、学部長は不在だった。結局、スーツケースは学部長室に置いたままで秘書が部屋に鍵をかけることになったのだが、わたしはそのなかに自分の衣類が入っていることをすっかり忘れていた。その晩は、本来シェアするはずのアパートで一人で過ごした。シーツもなければ着替えもなく、暖房も効かない。そのうちに、浴槽に湯をためれば体を温められて眠れるということに気がついた。ほぼ1時間ごとに熱いお湯を足す必要があったのだが……。正確なことは覚えていないが、じきにわたしは数学をすることを決めた。

バークレーでの1年目が終わりに近づいた頃、プリンストンから到着したばかりの天文学のポスドクの人と囲碁を打っていたわたしは、語学の授業のフランス語がまったくわからないと愚痴った。あらゆる単語が混じりあっているようで、整理するなんて不可能な感じだった。わたしにとって、語学はまさに悪夢になろうとしていた。すると相手は、プリンストンの数学科に囲碁のチャンピオンのラルフ・フォックスという知り合いがいる、といった。そこでわたしは、二股計画を立てた。すぐにプリンストンの大学院に出願しよう、そうすれば、とりあえずフランス語に関する問題を解決できるはずだ。そのために結び目理論に関するフォックスの本を読み、その本のテーマであるいくつかに分かれた結び目、つまり絡み目を大胆に一般化して、それに関する自前の予想をまとめた。この予想は間違っていたが、どうやらそれは合否の決め手にはならなかったらしい（早い話が、バランタイン・エール社のロゴのような三つの環からなる絡み目は決して存在し得ないという予想だった。まあ、当時のわたしはまだ17歳で、ビールを飲んだこともなかったし……）。とにかく、わたしはこの偉大なる挟み撃ち作戦の援軍である父の力を借りて、「様相論理学」を使って自分の着想をまとめ、その応用に踏み込んだ。ところが大学院入学の決め手になったのは、実は母の執念だったことが明らかになった。母が、シェラネバダ山脈のノース・パリセード山の花崗岩でできた尖鋒のてっぺんに危なっかしく立っている自分の息子の大判写真を出願書類に同封すべきだ！と言い張ったのだ。

ずっと後になってプリンストンの教授のエド・ネルソンに聞いたのだが、遅れて到着したわたしの出願書類がフォックスのもとに運び込まれたとき、エドはそこに居合わせた。封筒を開封するとその写真が床に落ち、それを拾ったフォックスは「この子を合格にしよう」といったという。母には、写真を入れるなんてまるで見当外れで、大学は学者としての資質に基づいて合否を決めるんだ、といったのだが、元女優の母は、「すべてはショー・ビジネスなのよ」と言い切った。そしてこのときばかりは、母が正しかった。

こうしてわたしは第一歩を踏み出した。さらに1、2度、危機一髪の場面があったような気もするが、決して引き返すことはなかった。40年間、数学と物理学のことを考え続け、確実なものや驚くべきもの、普遍性や独自性を見い出してきた。量子力学は人間の世界観を変える。この世界がいかに驚異に満ちているかを見せてくれて、もうくよくよしてはいられなくなるんだ。

マーガレット・D・マクダフ　MARGARET DUSA MCDUFF

ニューヨーク州立大学ストーニーブルック校の教授
専門：フォン・ノイマン環、シンプレクティック幾何学

第2次大戦が終わったすぐ後にロンドンで生まれ、エディンバラで育ちました。父は発生学者であり遺伝学者でもあって、生命体がどのように発達するのかに興味を持っていましたが、同時に美術、哲学、そして科学の活用にも深い関心を抱いていました。母は建築家で、スコットランドの官公庁の都市計画部門で働いていました。常に職に就いていましたが、これは当時としては珍しいことで、わたし自身も、職に就くのが当然というふうに育てられました。母の父はケンブリッジで数学を学び、著名な弁護士になっていました。つまりわたしの数学の才能は、母方のものなのです。結局のところ建築とは、数学とデザインを組み合わせたものなのですから。

祖父は、4歳だったわたしに九九を教えてくれました。わたしを膝に乗せて10×10の九九の表を見せると、対称になっているね、といったのです。なんて美しいんだろうと思ったことを、今も覚えています。学校の授業では、いつだって足し算をするのが大好きでした。後になって音楽や詩や哲学にも関心を持つようになりましたが、それでも常に、自分は当然研究者としてやっていくものだと思っていました。10代になって、いったい何をすべきかと考えたわたしは、自分が大好きなのは数学だということに気づきました。どういうわけか、数学がわたしに語りかけてくるのです。わたしは、数学は抽象絵画のようなものだ思っていました。女性の数学者は一人も知らなかったけれど、そんなことはどうでもよかった。人と違う存在になりたかったのです。

ケンブリッジでは博士号を取るために、20年間未解決だった問題を解きました。ある代数構造がすでに定義され、研究もされていたのですが、あまり例が見つかっておらず、そのようなタイプの対象がいくつ存在しうるのかもわかっていませんでした。わたしは、そのような構造の例を無限個作りました。その論文はアナルズ・オブ・マセマティクスに発表されました。ほぼ間違いなく、一流とされる数学雑誌です。そして長い間、これがわたしのもっとも優れた業績でした。

博士論文を書き終えたわたしは、モスクワに向かいました。60年代末のモスクワに、じつにすばらしい数学の学校があったのです。きわめて度量が大きく、開かれていて、それまで自分が経験してきた度量の小さい教育とはまるで対照的でした。そして、イズライル・ゲルファントと6ヶ月間仕事をしたことで、わたしはがらりと変わった。モスクワから戻るとすぐに、研究の焦点を関数解析からトポロジーに切り替えたのです。もっとも、今でははっきりわかるのですが、新たな分野で創造性を発揮することがいかに難しいことなのか、当時はまるでわかっていませんでした。わたしが数学者として生き残れたのは、ひとえにあの論文を書けたという自負があったからです。70年代にアメリカに移り、以来ここで仕事をしています。現在はシンプレクティック幾何学に取り組んでいて、数学者が19世紀に物理の問題を調べるなかで定式化した空間の上の特殊な構造について調べています。

前に一度、母に自分の博士論文を説明しようとしたことがあります。それは、じつに興味深い会話でした。母はわたしがしていることを知りたいと心から思っていましたし、紛れもなくひじょうに聡明な人でした。けれども、母にどれだけの数の新たな概念を教えなければならないかを考えると、自分が考えている対象の正体を母に説明することはまったく不可能だとわかったのです。数学者は前進するために、自分が使ったアイデアを内面化する必要があります。数学的な対象は一連の公理を満たすだけの存在ではなく、何らかの形、感じ、手触りがあり、頭のなかで特別なやり方で動くものなのです。わたしたちはそれらを操る術を身につけ、それらが相互にどう関係するのかを理解しなくてはならない。それには時間と努力が必要です。それに、たとえ理解できたとしても、言葉で理解するのではなく、事物の組み合わさり方を一瞬にして悟る場合が多いのです。

ウィリアム・P・サーストン　WILLIAM PAUL THURSTON

コーネル大学の教授
専門：トポロジー
受賞：フィールズ賞

わたしが高校の卒業アルバムに書いた目標は、「理解すること」。その気持ちが、今もわたしを突き動かしている。理解に達するのが大好きなのだ。まず、（大小を問わず）何か理解できないもの、単に不調和なものに目を止めて、それからそれについてよくよく考え、心の目でじっと見たり探ったりしていると、ついに、時には奇跡のように、見えるものががらりと変わって、もやと混乱から形と秩序と関係が姿を現す。

数学と関係があるのは、数や方程式や計算のアルゴリズムではなく、理解なのだ。わたしは物心がついたときから数学が大好きだったが、数学を自分の人生の中心にはできないんじゃないかと思うことが多かった。傍目には当然数学の道に進むと見られていたときでさえ、疑わしく感じられたのだ。幼い頃は、学校で教わる数学なるものの大部分を憎み、しばしば低い点数をもらった。今となっては、それらの授業の多くがアンチ数学だったとすら思っている。連中は、自立した思考をさせまいとがんばっていたのだ。ある確立されたパターンを機械的な正確さで追っていって四角のなかに答えを書き、「自分が行ったことを見せ」なければならなかったのだが、これでは精神的な洞察を退け、ほかのアプローチを退けてしまう。わたしはたいていの人より自分の内面に注意を払っていて、そのため外からの力に捏まって指示されることにあらがう。こういった数学の授業は、（自分が「その素材をマスターした」かどうかにかかわらず）じつに不快で、退屈で、苦痛な訓練だった。以前は、宿題を仕上げる際に注意散漫でなかなか取り組めないのは自分の欠点だと思っていたが、今ではそのような「怠惰さ」は決して欠点ではなく、単なる特徴だということを知っている。人間社会は、自分にそっくりな人間だけではうまく機能せず、互いに似ていないほうがよい社会になる。

わたしは1964年に創立初年度生として、ある小さな大学に入った。フロリダ州のサラソータにあるニュー・カレッジ・オブ・フロリダだ。いろいろな大学案内を調べていて、どの大学よりもその大学の教育理念に魅力を感じたからで、これもまた、成長期の一つの体験だった。その案内では最終的に学生自身が自分の教育に責任を持つという考えが大いに強調されていて、学生や学部の人々を含む学者のコミュニティーについてのビジョンがあり、自立した学びが大きな特長になっているとされていた。当初のスケジュールとして、毎年3ヶ月にわたる自主学習プロジェクトがあるという。わたしはこの話をきわめて真剣に受け止めた。好奇心が強く、自分にとっての謎を掘り下げたいという野心があったのだ。最初の自主学習プロジェクトのタイトルは「言語」、二つ目は「思考」だった。これらのプロジェクトの展望が素朴で野心的なものだったにもかかわらず、なのか、あるいは素朴で野心的だったから、なのか……わたしはそこから多くを得た。そしてこのときに学んだことは、自分の仕事のやり方にしっかり編みこまれている。

数学は、わたしにとってすばらしい経験だ。ともに心地よくいられる人々のコミュニティーを見つけることができたし、純粋な思考によって単純な法則から打ち立てられたじつに美しく入り組んだ体系に、畏敬の念を抱いてきた。そして、自分たちのビジョンや数学という分野の理解が絶えずがらりと変わっていくさまを堪能してきた。

わたし自身の仕事を構成するもっとも大きな要素、それは3次元幾何学とトポロジーだ。大きな立方体の部屋にいる自分を想像しておいて、次に前の壁が後ろの壁と合体したところを想像する。つまり、まっすぐ前を見ると、視線はそのまま前の壁からつながっている後ろの壁に移り、自分の後頭部が見えるのだ。視線がつながっているから部屋のなかのすべてが見えて、視線の届く限り、それが前へ後ろへと繰り返される。次に、左の壁が右の壁と合体し、床と天井が合体したとする。視線はあらゆる方向に繰り返され、自分自身の像と部屋のなかのあらゆるものが、3次元の反復パターンのなかでちょうど結晶構造のように連なる。こうしてできるのが、3-トーラスと呼ばれる3次元世界（宇宙）の候補だ。3次元の世界では、ほかにもさまざまなトポロジーが考えられる。立方体だけでなく、別の多面体から始めて一対の面を同一視していくと、さまざまな例ができるのだ。

わたしが数学者としてのキャリアを始めた頃には、これらの3次元の世界はまったく不定形だと考えられていた。ところがわたしには徐々に、3次元の世界が通常美しい幾何学的反復パターンからなっていて、しかもそれらは普通の（ユークリッド）空間ではなく8種類の3次元幾何学のいずれかであることがわかってきた。実際には、そのほとんどが双曲空間なのだ。そこでこの着想を厳密に定式化して、「幾何化予想」と呼ばれる予想を打ち立て、さまざまな事例でこの予想が成り立っていることを示した。（有名なポアンカレ予想を含んでいる）この予想は、すでにグレゴリー・ペレルマンによって証明されている。

バートラム・コスタント　BERTRAM KOSTANT

マサチューセッツ工科大学の名誉教授
専門：リー群、微分幾何学、数理物理学

　第2次大戦当時高校生だったわたしは、数学が得意ではあったものの、科学のなかで主に関心があったのは化学だった。しかし宿題はろくにやらず、自然科学以外の分野は惨憺（さんたん）たる有様だった。そしてその結果、一流大学に進むことはできなかった。

　それでも、事はじつにうまく運んだ。どういうことかというと、どうやらわたしは運命のいたずらによって、正しい時に正しい所にいたようなのだ。ドイツから亡命してきた大学人たちは、いわば戦後のアメリカの大学にヨーロッパの科学を点滴したわけで、わたしが入学を許されたパーデュー大学の学部にも、たくさんの優れた数学者がいた。その一人がアーサー・ローゼンタールで、この人物は1920年頃にミュンヘン大学の数学科長を務め、その教え子にはヴェルナー・ハイゼンベルクがいたし、親しい同僚には、円の正方化が不可能であることの証明をついに完成させたフェルディナンド・リンデマンがいた。わたしはローゼンタールとたいへん親しくなって、大いに影響を受け、その結果、この身を数学の研究に捧げることとなった。

　もう一つ幸運だったのは、パーデュー大学の理学部長が数学者のウィリアム・エイヤーズだったことだ。エイヤーズは、学部生だったわたしに院生向けのすばらしい三つの講義を取ることをとくに許可してくれて、そこでよい成績を収めたわたしは、シカゴ大学大学院の特別研究員の資格を得ることができた。そしてさらに、もう一つ幸運が重なった。というのも、1950年代初頭のシカゴは知的な意味で途方もなく心躍る場所だったのだ。ロバート・ハッチンスが学長をしていた最後の頃で、数学教室の長であるマーシャル・ストーンが、アンドレ・ヴェイユ、S. S. チャーン、ソーンダース・マックレーンなどのスターを引き抜いてきていた。

　ある講座でクロード・シュヴァレーのリー群に関するわりと新しい本を開いたのがきっかけで、わたしは今に至るリー群との恋に落ちた。リー群の理論は、数学のさまざまな分野を統合する役割を果している。そのような統合を追い求めることが、それに続くわたしの研究活動の大きな焦点となった。シュヴァレーはフランス人で、わたしは概して数学におけるフランス学派、なかでもブルバキの数学に大きな魅力を感じていた。

　博士論文の助言者だったアーヴィング・E・シーガルが、1953年から56年にかけてプリンストンの高等研究所に滞在できるよう取り計らってくれたのだが、これもまた、タイミングとしてはきわめて幸運だった。当時の高等研究所のメンバーに、20世紀科学のもっとも著名な3人の貢献者、ヘルマン・ワイルとジョン・フォン・ノイマンとアルベルト・アインシュタインが含まれていたのだ。わたしがプリンストンを去った1956年には、すでに3人とも亡くなっていた。研究所にいる間に、ワイルとは大いに打ち解け、フォン・ノイマンとは数学について議論した。アインシュタインとは、一度だけ印象に残る長い会話をしたことがある。1955年の4月8日、聖金曜日のことだった。そのときアインシュタインがふとわたしに、何を研究しているのかと尋ねた。リー群を、と答えてはみたものの、おそらくリーというのが誰なのかも知らないんだろう、と思っていた。ところが驚きもし嬉しくもあったのだが、アインシュタインは次のような予言の言葉を返した。「それは、きわめて重要な仕事になるだろう」。アインシュタインが亡くなる1週間ほど前のことだった。

　1957年に、わたしはカリフォルニア大学バークレー校の数学科の一員となった。当時のバークレー校はすさまじい勢いで成長していて、そこに加われたことがとても嬉しかった。1962年にはマサチューセッツ工科大学の正教授のポジションを提供された。そしてさまざまな運にも恵まれて、リー群とその関連テーマの世界的に有名なセンターを作ることができた。

　複雑な対象は、まずそのシンメトリーを扱うことによって研究が可能になる場合が多い。リー群は、異なる種類のシンメトリーを調べて取り扱うために考案された数学的な構造だ。これらの構造の多くはきわめて洗練されていて、その複雑な細部を探るだけで一生を費やすことになる。最近、そのようなリー群のなかのE_8と呼ばれるものを巡る成果がメディアでかなりの注目を浴びることになった。それというのも、約25名の数学者がチームを組み、巨大なコンピュータ・プログラムを用いてこの群の膨大な指標の一覧を突き止めたからだ。わたしにいわせれば、E_8はすべての数学のなかでももっとも壮大な「対象」だ。E_8は何千もの面を持つダイヤモンドのようなもので、それぞれの面からその内部構造の異なる美しい像を読み取ることができる。自然法則が最終的に数学を使って記述できるというのは、なんとも不思議な話だ。わたしたちが理解している素粒子とE_8を結びつける試みもあったが、さまざまな批判からみると、その試みは失敗したらしい。それでも宇宙を真に理解しようとすると何かの形でE_8が絡んでくるはずだという予感をぬぐい去ることはできない。ここ百年の間に登場した物理理論の多くはたかだか数十年で賞味期限切れになってきたようだが、E_8は永遠なのだ！

ジョン・N・マザー JOHN N. MATHER

プリンストン大学の教授
専門：微分幾何学、ハミルトン力学系

6歳のときに対数に夢中になったことを、今もはっきり覚えている。父が説明してくれたに違いない。父はプリンストンの電気工学の教授で、折に触れて楽しそうに初等数学のあれこれを教えてくれた。

11歳のときだったか、家の本棚で父が書いた工学の教科書を見つけ、かなり時間をかけてその本を読み込んだ。早い話がそれは微分積分学の教科書で、さまざまな工学問題に応用されているからというので、変分法も含まれていた。わたしにはわからないことが、山のようにあった。その時点でその本のテーマについて試験されていたら、間違いなく落ちていた。それでもわたしは、その本がとてもおもしろいと思った。よく理解できなかったから、逆に興味が増したのだろう。（吊り橋のケーブルの形状を求めるといった）「実生活」の問題が紙と鉛筆を使って計算しただけで解けてしまう、というところがとても魅力的だった。

やがて高校生になると、数学への関心に後押しされて、プリンストン大学の本屋に行ったりドーバー出版に注文したりして、さまざまな数学の本を買うようになった。ソロモン・レフシェッツの『トポロジー』、クロード・シュヴァレーの『リー群』の第1巻、R. D. カーマイケルとウィリアム・バーンサイドの群論の本、エドゥアール・グルサの3巻本『数理解析講義』の英語版、ポール・ハルモスの『有限次元ベクトル空間』を買って、徹底的に読み込んだ。これらの本に魅了されて長い時間を過ごしたことを、今もはっきり覚えている。けれどもそのいっぽうで、ハルモスの本（をわたしは徹底的に勉強したのだが）は別にして、当時のわたしには、これらの著者が語っているであろう内容のごく一部しか理解できなかった。

高校の最後の学期に、運よくプリンストンの数学科のアルバート・タッカー教授が始めたプログラムに参加できるようになった。優秀な高校生もプリンストン大学の数学の授業を取れるようにするというそのプログラムに、わたしはまっ先に手を挙げた。短い口頭試問が終わると、ラルフ・フォックスが担当する3年生向けの抽象代数の講義に出ることになった。そして、その講座を完璧にこなした。

学士号はハーバードで取得し、大学院はプリンストンに進んだ。プリンストンでの1年目にハロルド・リーヴァインの覚え書きを読んだ。それは、ルネ・トムの写像の特異点に関する講義をまとめたもので、わたしはすぐに、そこに載っていたいくつかの未解決問題を解いた。そしてこれらのわたしの解は、写像のなめらかな安定性に関する6本の連続論文に収められることになった。プリンストンで博士号を取得した後は、フランスの高等科学研究所IHESのルネ・トムのところで2年間を過ごした。トムはとっつきやすい人物で、知り合えてほんとうによかったと思っている。トム自身は、位相的安定写像が稠密であることを証明できたと思っていたのだが、ほかの数学者たちは納得していなかった。そこでわたしはトムの手法に少し手を入れて、数学者たちが証明として受け入れられるようにした。この証明は主としてトムの着想に依っているが、一つだけ、わたし自身の新しく有意義な工夫が使われている。

その後しばらくは、ハーバードで過ごした。そこでは主として葉層構造の理論とアンドレ・ヘフリガーの分類空間に取り組んだ。ビル・サーストンがわたしの得た結果を見事に一般化したことで、マザー・サーストン定理が誕生した。これによってヘフリガーの分類空間のトポロジーの研究は、微分同相写像の群のホモロジーの問題に帰着されたのだが、それらの問題のほとんどが、いまだに解決されていない。

ハーバードで4年を過ごしたところで、自分にとってはプリンストンのほうが好ましいと判断し、以来プリンストンにいる。

ある日、プリンストンでイアン・パーシバルの講演を聞いたのだが、そこでは変わった種類のラグランジアンが導入されていた。そしてその2年後に、運よくわたしはそのラグランジアンを使うとある存在定理（S. オーブリーとP. Y. ル・ダレンが証明した定理に似た定理）を証明できるということに気がついた。ハミルトン力学系の専門家がこの存在定理にかなり興味を持っていることを知って、以来この定理に関連するトピックを研究している。

マリアム・ミルザハニ　MARYAM MIRZAKHANI

プリンストン大学の教授
専門：エルゴード理論、タイヒミューラー理論
受賞：フィールズ賞

わたしはイランで育ちました。幸せな子ども時代でした。わが家には科学者はいませんでしたが、兄がさまざまなことを教えてくれました。昔から、数学や科学に興味があったのです。周りの女の人たちは、自立して自分自身の関心を追い求めるよう勧められていましたし、マリー・キューリーやヘレン・ケラーのような強くて名の知られた女性についてのテレビ番組を見た覚えもあります。自分の仕事に情熱を傾ける人々を尊敬していましたし、ヴィンセント・ヴァン・ゴッホの生涯を描いた『炎の人ゴッホ』という本には感動しました。でも子どもの頃は作家になるのが夢で、小説を読むのが一番の楽しみでした。

やがて数学コンテストに参加するようになると、だんだん数学をすることに興味が出てきました。とてもよい友達に恵まれて、その子たちも数学に興味があったので、大学の学部での日々は、たいへん刺激に満ちたものでした。数学の学位を取ると、ハーバードの大学院に進みました。ハーバードでカーティス・マクマレンと仕事をするうちに、リーマン面のダイナミクスや幾何学に関連するさまざまな分野に関心を持つようになりました。マクマレンの幅広い関心と深い洞察に大いに影響されたのです。

数学教室はきわめて男性優位になる傾向があって、時には若い女性にとって脅威となります。でもだからといって、わたし自身が女であるために問題に遭遇したことは一度もありませんでしたし、支えとなってくれる同僚にも恵まれました。そうはいっても、現状は理想とはほど遠い。わたしは、女性にも男性と同じ仕事ができると思っていますが、その時期が違う可能性はあります。男性のほうが、長い時間集中したり、仕事のために多くを犠牲にすることが容易なのかもしれない。それに、社会が女性に求めることが、研究に必要なこととは違っていたりもします。自分に自信を持って、動機を保ち続けることがひじょうに大事なのです。

わたしは主として曲面の幾何学に関する問題を研究し、その関連分野をかじってきました。複素解析とエルゴード理論は、常にわたしを魅了してきました。

数学の異なる領域を学び、それらの関係を理解するのはとても楽しい。リーマン面を巡る問題のすばらしいところは、エルゴード理論や代数幾何や双曲幾何をはじめとする数学のたくさんの分野と関係している点です。

わたしの研究はひじょうにゆっくりしています。数学のさまざまな分野の間に境界があるとは思いません。自分がわくわくする難問のことを考えて、その問題に導かれるままに進んでいくのが好きです。そうすれば、たくさんの優秀な同僚とやりとりができて、学ぶことができる。ある意味で、数学をするのは小説を書くようなものなのかもしれません。そこでは問題が、生き生きした登場人物のように展開していくのです。そうはいっても、ごく正確に述べる必要があります。すべてが時計の歯車のようにかみ合わなくてはならないのです。

カーティス・マクマレン　CURTIS MCMULLEN

ニューヨーク州立大学とハーバード大学の教授
専門：トポロジー、双曲幾何学、力学系
受賞：フィールズ賞

数学には、おもしろいと思えるものがたくさんある。1969年7月20日、当時オハイオで暮らしていたわたしは、プラスチックカメラのシャッターを開きっぱなしにすることに成功した。両親がニューヨークの世界博覧会から持ち帰ったコダック製のカメラだ。そしてその夜遅く、両親とともにオハイオ出身のニール・アームストロングが月面に降り立つのを見守った。フィルムを現像してみると、長時間露光していたので、月がまるで夜空を横切る白い彗星のように見えた。そのすぐ後でバーモント州のシャーロットという小さな町に引っ越したのだが、その荷物のなかにダニエル・マクラッケンの『フォートランIV プログラミング入門』という本が入っていた。わたしはその本と地元の高校のテレタイプ——大学のメインフレームコンピュータと電話線でつながっていた——を使って、ジョン・コンウェイのライフ・ゲームを実行し、ゆっくりと世代による変化を追っていった。

大学院時代に、デヴィッド・マンフォードがコンピュータに描かせた、ロカイユ模様〔ロココ模様とも〕のように見えるクライン群の極限集合を見せてくれた。さらに、パリの高等科学研究所（IHES）とニューヨーク市立大学に所属するデニス・サリヴァンが、わたしの論文助言者となった。パリやニューヨークでサリヴァンに励まされて共形力学系を学んだあの頃に、わたしの専門教育が始まったのだ。

数学修行はプリンストンでも続いた。ポスドクになったわたしは、折に触れて $\|\Theta\|_{H/X} < 1$ というクラのテータ予想のことを考えていた。そしてある日、この予想が正しいはずだと合点がいった。なぜなら、すべての無限連鎖講にはそもそも崩壊の種が仕込まれているからだ。この観察から、サーストンの3次元多様体の一意化定理の新たな解析的証明を得ることができた。わたしは今もこの分野、つまり低次元トポロジーとリーマン面と力学系と双曲幾何学の交差点で仕事をしている。この分野では、剛性の存在によって、解析における無限が否応なく数論や代数の具体性に結びつく。最後に一つ、例を挙げておこう。

下にあるのは、無限に入り組んだレース細工で、さまざまな色のタイルに分割された球の図である。この図の背後には単純な代数方程式で与えられる力学系が潜んでいて、各点は、10の色に対応する10種類のやり方のどれかに従って変化していく。

すべてのモチーフがどんどん小さくなりながら、無限に繰り返されているのだが、ゾウリムシの写真や電子顕微鏡でスキャンしたウィルスの画像にも、このような無限の気配が漂っている。これは、常にわたしたちの目の前にあってわたしたちの一部でもありながら小さすぎて目に見えない構造の、あるレベルが可視化されたものなのだ。この球形のモザイクには、古典的な立体である十二面体と同じシンメトリーがある。そしてここからわたしは、アンリ・ポアンカレやフェリックス・クライン、さらには1832年に決闘で死んだエバリスト・ガロアに思いを馳せる。ガロアは、このようなシンメトリーと（$x^5+3x+1=0$ のような）5次方程式が解けないという事実の驚くべきつながりを発見し、その直後に命を落とした。

プリンストンで仕事をしていた1988年には、ピーター・ドイルと共同で、この球面の1点を無作為に選べば5次方程式のシンメトリーが破れるということを発見し、そこからガロアの結果を更新して、その解を力学的に定式化することに成功した。まるでずっと虚空の軌道を回っていたのに人間の目には見えなかった天体のように、この図がわたしたちの目の前に姿を現したのだ。

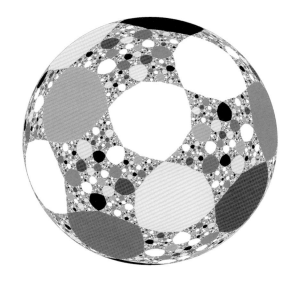

デニス・P・サリヴァン　DENNIS PARNELL SULLIVAN

ニューヨーク市立大学大学院センターの科学のアインシュタイン教授、ニューヨーク州立大学ストーニーブルック校の特別教授
専門：トポロジー、力学系、幾何学、解析学、流体力学、量子代数

　抽象数学には、思慮深い素人の方々が驚くに違いない特徴がある。そこでは無限の概念を形式的に定義することが可能で、数学者たちが無限を扱うこともできるのだ。実際数学は、一つひとつの概念を正確に定義できるという点でも、数学者が取り組む前から定義可能だったという点でも、きわめて特殊である。多くの場合数学は、これらの正確な定義が生み出す新たな概念によって進展していく。科学のさまざまな分野に見られる組合せ的なパターンや幾何学図形や代数計算が、抽象数学の王国を守るこの心優しき怪獣、すなわち厳密さの滋養なのだ。

　数学者たちは、このように完璧に厳密に記述できるということから大いなる安らぎを得ている。だがこの膏薬（こうやく）には、蠅（はえ）が一匹混じっている。かの有名なクルト・ゲーデルの定理によると、少なくとも一つの無限集合と数学者たちが用いるさまざまな基本的操作を含むどの論理体系も、自己矛盾しないということを証明し得ないのだ。数学者たちは、たとえ事実としては証明できなくても、広く使われている無限集合が少なくとも一つ含まれる論理体系は実際には矛盾を含まない、と信じて仕事をしている。

　数学の章や節は、空間の概念と数の概念、この二つの基本的な直感をもとに作られている。一つの無限集合の存在と定義を使えば、数を確立することができる。集合全体をカバーしない集合の要素の並べ替え方で、二つの異なる要素が同じ要素に重ならないものが存在して、数学者はこのような再配置を「集合からそれ自身への一対一だが上にではない関数」と呼んでいる。このとき、このような小さな集合を含む無限集合のそれ自身のなかへの関数の合成に対して、閉じた最小の集合を考えることができる。こうして、正の整数の役割を果たす存在物が構成されるのだ。空間を確立するには、これらの整数からさらに一般的な数を作り、それから数直線を作る。最後に（デカルト積〔直積〕とも呼ばれる）組、タプルを作れば、多様体、幾何学、連続対称群、微分積分などの今日の数学の現代的な概念すべてを作ることができる。これらの概念は、数学者たちの楽しい活動のほかにも、アイザック・ニュートン、ジェームズ・マックスウェル、アルバート・アインシュタイン、ルードウィッヒ・ボルツマン、ヴェルナー・ハイゼンベルクといったさまざまな人の理論を用いて物理過程を記述する際に大いに役に立ってきた。

　最近量子場理論やひも理論のおかげで、数学者たちの厳密さの怪獣の滋養となりうる組合せ的パターンや幾何図形や代数計算が急激に増えてきた。新たな発見の数学化という祝宴を可能にするこれら新しい概念の発見は今も続いているが、完遂からはほど遠い。実は、おもしろそうな新しい代数概念もあって、どうやらかなり関連がありそうだ。つまり、数の側面はうまくいくのだ。ところが祝宴に必要な空間の基本的パラダイムがまだ見つかっておらず、この問題には多くの努力が注がれている。

　仮説はいろいろあるのだが、わたし自身は、量子を議論するうえで最適なのは、通常の空間を小さな部屋に分割した空間モデルだと考えている。それらの小部屋はさらに分割できるが、その分割は有限である。その場合、補正の無限階層を持つ近似単位元〔近似デルタ関数とも〕に対応する代数的な概念が、組合せ論的トポロジーや代数的トポロジーの基本的な方法論を用いてこの分割された空間に広がっているはずだ。

　この哲学に沿ったひも理論での議論から、関連する微分代数、微分圏の議論が生まれることになるのだろう。そしてそれらの議論では、代数的トポロジーで扱われた無限次元関数空間に最小作用の原理を適用したときに残るものが取り扱われる。

　これらすべての代数的パターンが吸収されれば、部屋割りを無限に小さくすることができる。こうして不等式と数理解析による厳格な評価に基づいて、古典限界が導かれることになる。さらにわたしは、これと同じ着想を使えば、3次元流体の運動の有益な数理モデルを展開できると考えている。

　時折、数学はまだ始まったばかりだと感じることがある。だが、たとえ興味深く知的で数学的な問題が解けなかったとしても、それはそれでとても楽しいことなのだ。

スティーヴン・スメイル STEPHEN SMALE

カリフォルニア大学バークレー校の名誉教授、豊田工業大学シカゴ校の教授
専門：トポロジー、力学系
受賞：フィールズ賞

わたしはミシガン州の農村部で育った。5歳から15歳までは10エーカーほどの農場で暮らし、父は町の自動車工場で働いていた。8年間、毎日1マイル以上歩いて、教室が一つしかない学校に通っていたが、教室が一つだけの学校にそれほど多くは期待できない。高校のときに、父に連れられて小さな化学実験室に行ったことがきっかけで有機化学にすっかり夢中になり、とうとう民間産業が必要とする珍しい化学物質を作る、と言い出す始末だった。アン・アーバーの大学に入ると、化学から物理に鞍替えしたが、物理の単位を取り損なったので、最終年度で数学に移った。

大学院での数学の研究もなかなか方向が定まらなかったが、それでも主として師であるラウル・ボットのひらめきのおかげで、1956年に無事博士論文を出すことができた。その後もトポロジーの研究を続けていたのだが、1961年の夏に、トポロジーはやめて、もっと刺激的な力学系の最前線、当時「常微分方程式の定性的理論」と呼ばれていた分野に取り組むことを宣言した（ひょっとすると、いまだにわたしを許せない同僚がいるかもしれない！）。

わたしの長いキャリアには、およそ数学者らしからぬ多数の紆余曲折があったといえるだろう。実際、わたしの研究分野はかなり変化していて、たとえば経済における均衡理論に取り組み、計算機科学における複雑さの理論に取り組んだこともある。現時点での関心は、もっぱら学習理論と視覚にある。視覚の研究では、視覚野の性質の数学モデルとパターン認識と呼ばれるものが関心の対象だ。数学を使って、視覚におけるニューロンの発展とその機能、つまり、人がどのようにしてものを見ているかに関する新たな理解を得ようというのだ。

これまでずっと、科学におけるわたしの考え方にはある一つのテーマがあった。わたしはどこからどう見ても理論家だが、その理論は数学の言葉を使って現実と結びつけられている。とくにここ40年間は、人間が経験する世界を巡る研究に力を注いできた。ほかの科学者たちによって重要だと突き止められたことが存在していて、さらに数学を使えばそれらの分野をよりよく理解できると信じればこそ、わたしは研究を進めている。そうやって、それらの分野の数学的な基礎にたどり着くのだ。数学を通して世界をよりよく理解すること、それがわたしの目標だ。このような試みに乗り出そうと思ったのは、力学におけるアイザック・ニュートンや量子力学の基礎におけるジョン・フォン・ノイマンやヘルマン・ワイルのような過去の偉大な数理科学者に刺激を受けたからだ。

ここ数十年間、わたしをとらえて放さないものがもう一つある。それは、自然に結晶した鉱物標本のコレクションと写真で、わたしの直近の著作はこの方面のものである。ひょっとすると数学の美しさと鉱物の美しさには、何か関係があるのかもしれない。

マリナ・ラトナー　MARINA RATNER

カリフォルニア大学バークレー校の教授
専門：エルゴード理論

　わたしは、生まれも育ちもモスクワです。5年生のときに数学と恋に落ちました。ロシアでは伝統的に、大都市での教育水準がひじょうに高く、学校の数学の授業は厳密で、ひじょうに刺激的でした。わたしが夢中になったのは、代数や幾何学における数学的な推論です。美しくて、わくわくしました。わたしにとって数学は自然で、難しい問題が解けると、比べようもない満足を得ることができたのです。

　家族や親戚には、数学者は一人もいません。父はよく知られた植物生理学者で、母は化学者でした。母は40年代の末に、イスラエルに住む自分の母と手紙をやりとりしたという理由で職を追われました。当時の政府はイスラエルを敵国と見ていたのです。あの頃は、ソビエトのユダヤ人にとって恐ろしい時代でした。1952年にはソビエト連邦の反ユダヤ主義が最高潮となり、いつ何時くびになるか、捕まるかもしれませんでした。父もくびになりかけましたが、1953年にスターリンが死んだおかげで助かりました。

　1956年に、モスクワ大学に入学願書を出しました。ちょうどその年にスターリンが糾弾され、ソビエト体制の一時的な雪解けの影響が人々の生活にまで及び、モスクワ大学が初めて（そしてほんのわずかの間だけ）ユダヤ人受験生に門戸を開いたのです。モスクワ大学の数学科は世界でもトップレベルでした。数学の入学試験では、黒板の前で11の問題を解くよう求められました。わたしは10問しか解けず、失敗した、落ちたと思い込んで試験場を後にしました。けれども実は受かっていて、それが人生の転機となりました。

　大学では主に数学と物理学と、必修のマルクス主義や共産党の歴史の講義を取りました。専攻は確率論でした。当時は、偉大なロシアの数学者A. N. コルモゴロフに触発されたひじょうにホットな分野だったのです。才能ある学生が大勢いて、コルモゴロフとともに研究を進める若い教官たちがいて、コルモゴロフの周りでの数学的な生活は、滋養に満ちた刺激的なものでした。

　学部を卒業したわたしは、コルモゴロフ教授の応用統計学グループで4年間働き、教授が作った才能ある高校生のための学校で教えました。この偉大な人物と知り合えてともに働くことができたのは、とても幸運でした。コルモゴロフは何世代にもわたる数学者たちを育み、刺激を与えてきたのです。

　それからわたしは大学院に進み、コルモゴロフのもっとも有名な弟子であるヤコフ・G・シナイの指導を受けることになりました。シナイはまだひじょうに若かったにもかかわらず、すでにエルゴード理論に基本的な貢献をしていました。エルゴード理論というのは、熱力学と統計力学に根っこを持つ確率論と関係がある数学の分野です。シナイは、学生たちに数学を幅広く学ぶことを求めました。そしてこれが、その後の研究でわたしを大いに助けてくれることになったのです。博士論文では、幾何学的にきわめてランダムな振る舞いをする力学系を引き起こす、曲率が負の曲面上における測地流のエルゴード理論を取り上げました。

　1971年に博士号を取得するとすぐにイスラエルに移り、イェルサレムにあるヘブライ大学の講師になりました。イスラエルの学生たちは聡明で、意欲満々でした。彼らに教えるのはとても楽しかった。この頃わたしは、幾何学的力学系の研究を続け、同じ分野で働くバークレーの若き数学者、ルーファス・ボウウェンと定期的にやりとりをしていました。じきにカリフォルニア大学バークレー校の数学教室から教員ポストの申し出があったので、それを受けることにしました。じつに豊かな数学生活で、毎日のように誰かが新たなアイデアを思いついたり、新たなことを発見したりしていました。

　わたし自身も、いくつかの発見をしました。負曲率の曲面におけるいわゆるホロサイクル流を研究していたのですが、これは、その前に研究していた測地流と密接に関係しています。わたしは、エントロピーが等しい測地流とは違って、ホロサイクル流が統計的にきわめて異質で、その下にある曲面の幾何構造としっかり結びついているということを発見しました。さらに、この仕事でわたしが導入した概念が、とくに数論の応用において根本的できわめて重要であることがわかったのです。それに気がついたのは、1984年のことでした。ハンガリーで開かれた会議でグレゴリー・マルグリスが、数論のオッペンハイム予想を証明する際にわたしの着想の影響を受けた、と話してくれたのです。ほんとうに嬉しかった。その後わたし自身も、これらの着想からリー群の商におけるべき単流に関するS. G. ダニとM. S. ラグナサンの予想を証明することができました。自分の定理がここまで広く応用されて、ほかのさまざまな重要問題を解くのに使われているのを目の当たりにするのは、大きな喜びです。

　わたしにとって数学は自然の美の一部であって、その美を見られることに、心から感謝しています。どのような数学を教えることになったとしても、学生にはぜひその美しさを伝えたいと思っています。

ヤコフ・G・シナイ　YAKOV GRIGOREVICH SINAI

プリンストン大学の教授
専門：数理物理学、力学系、数理確率論
受賞：アーベル賞

祖父 V. F. カガンは、ロシアのきわめて高名な数学者だった。専門は幾何学で、ロバチェフスキーとその幾何学に関する本を何冊かまとめた。最近になってアメリカ数学月報が、百年前に祖父が書いた論文の一つに触れている。わたしが、自分も数学者になるんだと決意を表明すると、祖母は、数学者は24時間数学のことを考えるものだということを知っておかなくてはね、といった。「ほんとうにそうしたいの？」と尋ねられたわたしは、もう一度考えてから、そうしようと決意した。そして今に至るまで、この習慣を守るよう心がけている。

モスクワ大学の数学科の学生時代には、何人かのすばらしい先生や助言者に出会った。最初の助言者は N. G. チェタエフで、彼は古典力学の優れた専門家だった。当時わたしはすでに、力学系の理論が自分の主な研究分野になるだろうと感じていた。その次の助言者は E. B. ドゥインキンで、ひじょうに興味深い問題をくれた。わたしが最初に発表したのは、その問題の解に関する論文だった。それからずっと後になって教師兼助言者となったのが、20世紀の偉大な数学者 A. N. コルモゴロフだった。よく、コルモゴロフの学生であることをどれくらい好ましく思っていたのかと尋ねられるが、答えはそう簡単ではない。コルモゴロフは、決して学生と数学で「遊ぶこと」がなかった。コルモゴロフがくれる問題は、どれをとっても、必ずそこからさまざまな展開があり、たくさんの実り多い関係が生まれた。そのいっぽうで、コルモゴロフの数学に関する知識はまさに驚異的で、さまざまな分野の偉大な専門家だった。だから、周りにいる人すべてが大きな刺激を受けていた。わたしは、モスクワですばらしいセミナーを主催していた I. M. ゲルファントからも、さらにはわたしたち夫婦の親友である V. A. ロホリンからも、多くを学んだ。

現在はプリンストンで暮らし、仕事もそこでしている。ここは数学をするのにうってつけの場所だ。科学に関して有益なやりとりができる友達が大勢いて、学生もたくさんおり、楽しく仕事をできる雰囲気がある。

ブノワ・マンデルブロ　BENOIT MANDELBROT

イェール大学の数理科学の名誉スターリング教授
専門：幾何学、自然、文化におけるフラクタル

末っ子叔父とわたしは、ともにワルシャワで生まれて数学者になった。しかし叔父の10代後半はおもしろすぎる時代と重なり、わたしの10代後半はそれとは別のおもしろすぎる時代と重なっていたために、二人はまるで違う人間になった。叔父は体制の権力層内部の集中力に富むフルタイムの消息通になったが、わたしはそうはならなかったのだ。

叔父の思春期はちょうど第1次大戦と重なっていて、ロシア革命の最中にあちこち放浪していた叔父は、古典的なフランスの数理解析と恋に落ちて、そのルーツに移り住んだ。そしてすぐに数理解析のたいまつを手渡され、以来照る日も降る日も決してその火を絶やすことはなかった。

わたしの思春期はちょうど第2次大戦と重なっていて、フランス中央部の貧しくへんぴな高地で暮らしていた。戦争が終わると、先天的なものにさらに訓練で磨きをかけた図で数学に迫る能力のおかげで、かの有名なパリのエコール・ノルマルに入った。ところがわたしは、一つの夢を追うことにした。叔父からは、まるで子どもじみていると警告された夢だ。ヨハネス・ケプラーの大きな業績を尊敬していて、それを真似たかったのだ。大昔のおもちゃである楕円を駆使して、惑星の動きに関する観測天文学の古(いにしえ)の失敗である「例外」を解消したい！

ほぼ勝ち目はなかったのだが、それでも結局は、それと似たことでわたしの夢が現実となった。知らないうちに、何千年も前にプラトンが大まかに述べたまま、どこから手をつけてよいのか誰にもわからなかった作業と向き合っていたのだ。はっきりいって、自然や文化の至る所に見られるほぼすべてのパターンが、ユークリッド図形と比べて、単に手が込んでいるだけでなく、はるかに不規則で断片的だ。実際にほとんどのパターンで、ひじょうに幅広い、無限ともいえる数の異なる長さのスケールがある。

数学者のアンリ・ポアンカレは、人が発する問いもあれば、勝手に立ち現れる問いもあるということに気づいていた。小さな湾や岬を勘定に入れれば入れるほど測定値が大きくなるとしたら、イギリスの海岸線の長さはいったいどれくらいなのか。さびた鉄や割れた石のでこぼこをどう定義すればよいのか。山、海岸線、川、二つの流域を分かつ線は、いったいどのような形をしているのか。早い話が、幾何学はその名が約束しているはずのもの、つまり自然のままの地球の真の測定値を提供できるのか。嵐の最中の風速はどれくらいなのか。雲や炎や溶接箇所はどのような形をしているのか。宇宙にある銀河の密度はどれくらいなのか。金融市場における価格の見積りはどのような具合に乱高下するのか。どうすれば異なる書き手の語彙を比べることができ、あるいは計量することができるのか。

ようするに、自然の「粗さ」が生み出す膨大な数の多様な問いは、解ける望みがないということで、長い間放置されてきたのである。これらの問題は、従来の幾何学の標準的な自然観や文化、粗い形を形がないものとして無視する文化に楯突いているのだ。

ここまでが事実で、ここからは、わが生涯の仕事の特徴を紹介する。わたしはこれらの古くからの、あるいは最近生まれた挑戦課題に（そしてそれと似た多くの問題に）、ケプラーの精神で向き合ってきた。数学者たちはわたしが生まれる50年ほど前に、現実からわざと自覚的に離陸して、本人たちいわく「怪物」、「病理的なるもの」を発明していった。わたしはコンピュータの力を借りて、実際にこれらの発明なるものを描いてみせた。そして彼らのもともとの意図を完全にひっくり返し、わずかな助けがありさえすれば、古くからのさまざまな具体的な問題、わたしがさきほど挙げた「詩人や子どもの問い」を扱いうるということを示した。叔父を途方に暮れさせ立ち止まらせた具体的な「病理的なるもの」をいじくりまわすことで、今日マンデルブロ集合と呼ばれているもの——下にあるのはその一例だ——を発見したのである。ちなみにこの形状は、数学におけるもっとも複雑な対象とされている。こういった流れのなかで、わたしは図からさまざまな抽象的予想を抽出したのだが、それらは証明がきわめて困難で、そのため必死でたくさんの仕事をし、すばらしい褒美を手にすることとなった。

ジョージ・O・オキキオル　GEORGE OLATOKUNBO OKIKIOLU

独立研究者
専門：関数解析

わたしは1941年にナイジェリアのアバで生まれた。母は「カラバルのオボンゴ（直訳するとカラバル王）」の娘だったが、看護婦の訓練を受け、イギリスからやってきた医師やスタッフとともに病院で働いていた。当時のナイジェリアは大英帝国の植民地で、その中心は「遠く」西ナイジェリアのアベオクタだった。そこで、医師だった父と出会ったのだ。母とその友達はわたしと双子の妹を、その少し前に戴冠したイギリスの王と女王にちなんでジョージとエリザベスと名づけることにした。

わたしはラゴスやイバダンで初等教育を受け、それからアベオクタのバプティスト男児高等学校の寄宿舎に入った。不平不満が溜まると、よくそれを解消するために学校を離れて家に戻ったのだが、それでも成績は常に最高を維持するようがんばった。

子どもの頃に病院の内外で経験したことなどもあって、はじめは医者になりたいと考えていたが、やがて数学や物理学への関心が強くなり、大学ではこれらの分野を学んだ。そして主席で理学の学士号を取得した。こうして最初の学位を取ったわたしは研究助手となり、多変数の実解析や複素解析に関する修士論文の作成に取りかかった。そして1964年に、測度論の「強い下密度」に関する研究で理学の修士号を得た。

初めて発表した論文はフーリエ変換とヒルベルト変換（と分数階積分）に関するもので、さまざまな大学の助講師のポストに応募し、1965年にサセックス大学にポストを得た。ちょうどその頃、2番目の娘のキャサリーン・アデボラ（今や数学者だ！）が生まれた。最初の論文で成功を収めると、じきにシュールの不等式の拡張と、分数階積分の逆関係とヒルベルト変換の一般化、三角関数を含むディリクレタイプの変換に関する論文の準備に入った。1970年までには積分作用素に関するさまざまなトピックの論文を24本まとめ、1971年には最初の著作である『L_p 空間における有界積分演算理論の諸相』がアカデミック・プレスから刊行された。さらに研究を続け、1971年に理学の博士号を取得、新たにさまざまなポストの話があって、イギリスのイースト・アングリア大学の教授候補として名前が挙がっているという話も聞いたが、確認はできなかった。その後数年間、落ち着かない日々を過ごしたわたしは、1974年に大学のポストを早期退職して、自分で発明を始めることにした。

最初に発明したものとしては、陽子抽出装置や電気化学振動子、磁波生成機、電気化学振動子などがあったが、とうてい商業的な開発のルートには乗りそうになかった。そこで新たに、まったく別のことを考えた。主立った発明プロジェクトを二つ挙げると、フォト・コンバーター技術と、赤外線などの波形に対するテレビカメラがある。さまざまな波形に対応するテレビカメラは、いくつかの発明品ととくに関係が深く、これらの品は、被験者に影響を及ぼす圧力波生成システムを含む遠隔影響装置として使うことができる。このほかの注目すべき発明としては極性可視銘刻があるが、これを観察するには、適切な偏光要素を装着する必要がある。あるいは、リニアおよびロータリーのモーター・アッセンブリ、光で作用して発電機を動かす光反応素子インダクタ・モーター、さまざまな電気的効果を狙った水圧利用の電気端子装置、さまざまな形のテレビ組み立て部品、電気装置や電気自動車のための合成発電機、核融合システムなどがある。1975年までにイギリスの特許明細書を25本取って、公開した。工業の発展ではよくあることだが、わたしの発明プロジェクトに関わる製品にも財政的な問題による制約がかかっている。

1990年に自分の著作を刊行し始めたのだが、ここではとくに、『偶数位数の魔方陣の作成』と2巻本の『特殊積分作用素』を挙げておきたい。また1981年からは、発明特許明細書要約紀要と数学紀要の二つの定期刊行物を発行している。

キャサリーン・A・オキキオル　KATE ADEBOLA OKIKIOLU

カリフォルニア大学サンディエゴ校の教授
専門：幾何解析、スペクトル幾何学

母はイギリス人です。労働組合と関わりがある一族の出で、主として階級闘争に関心を持っていました。ナイジェリア人の父と知り合ったのはロンドンの大学。二人は数学科の同級生でした。数学者としての才能に恵まれていた父は、母と結婚すると、イースト・アングリア大学の数学科のポストに就きました。当時わたしが通った小学校にはほぼ白人しか通っておらず、わたしは人種を巡る辛い問題に直面せざるを得ませんでしたが、母は常に、この問題を政治的な背景と絡めて説明してくれました。やがて父は大学の職を辞して発明に集中し始め、両親は離婚しました。その頃には母も大学を出て、学校の数学の教師になっていました。そしてわたしたちはロンドンのきわめて国際的な地域に移り住みました。わたしにすればまるで生まれ変わったようで、そこで初めて、ほんとうの意味での数学への関心が芽生えたのでした。教科書を見ながら自学自習しましたが、両親がともに数学に関わっていたことを考えると、これは奇妙なことなのでしょう。それと同時に絵の勉強にもたっぷり時間をかけて、その方面で生きる道を探りたいと思っていました。でも結局は両親に、まず数学の学位を取って自分の食いぶちを稼げるようにしなさい、と説き伏せられてしまったのです。そしてケンブリッジに進んだのですが、これが二つ目の大きな転換点になりました。数学を学べば学ぶほど、それ自体が一つの世界であるということ、そこで暮らそうと決意する人が大勢いて、さまざまな意味で現実世界よりリアルな世界だということがわかってきたのです。数学は恒久不滅、永遠な感じがして、深い安心を与えてくれます。なぜなら何が真であるかについて、数学を理解するほとんどの人の意見が一致しているからです。

ケンブリッジを卒業する頃にはすっかり数学に夢中で、ほかの進路は考えようともしませんでした。大学院はカリフォルニア大学ロサンゼルス校に進みましたが、これもまた、大きな転機になりました。大学院を出るとすぐにプリンストン大学にポストを得て、そこに4年間在籍し、夫と出会いました。夫も数学者です。その後、マサチューセッツ工科大学で2年を過ごし、ここ10年はカリフォルニア大学サンディエゴ校で夫とともに働いています。子どもは二人。

わたしはスペクトル幾何学の分野で研究を行い、対象の形がその共鳴の様子にどう影響するのかを調べています。この分野には「太鼓の形を聞けるか？」という有名な問題があります。スペクトル幾何学は、工学や物理学などの異なる科学の分野の橋渡しをすると同時に、数学のさまざまな分野の橋渡しもしています。とはいえ、分野ごとにまるで異なるタイプの問題を調べているのですが……。わたしは数理解析が専門ですので、無限や極小についての見識があります。現時点では、たとえば球や、それよりも複雑なベーグルやプレッツェルの表面の総波長を理解しようと研究を進めています。総波長とは何か。物の表面を叩くと、その表面は一連の周波数のどれかで共鳴し、この振動によって引き起こされる音の波長は周波数と反比例します。数学的に理想化されたモデルでは、生じうる波の波長は無限個で、これらすべての波長を集めたものが総波長になるはずですが、この無限和は無限に発散してしまうのです。幸い、いささか定義しづらい正規化という手順を踏むと、有限の数を割り当てることができます（数理物理学ではこの手順を用いて、ほんとうは意味をなさない式からなんと不思議なことに真の答えを得ているのです！）。そもそもわたしが総波長に関心を持ったのは、大まかに、「宇宙の形を聞けるか？」といった問題に関係するモデルになりそうだったからです。ところが総波長は数学のまったく異なるさまざまな分野に現れており、わたしにすれば、このような結びつきはとても魅力的です。

数学の研究における野心と、よい親でありたい、刺激的な教師でありたい、この社会に何かプラスの変化を引き起こしたい、といった願いのバランスを取ることが簡単だとはとうていえません。でも、一生をかけてこのような課題に取り組み続けられることは、とても幸運だと思っています。これらは、わたしにとってきわめて興味深く、重要な課題なのですから。

ウィリアム・T・ガワーズ　WILLIAM TIMOTHY GOWERS

ケンブリッジ大学のルース・ボール教授
専門：関数解析、組合せ論
受賞：フィールズ賞

わたしの家は音楽一家だった。父は作曲家で、母はピアノの先生。学校ではほぼすべての科目でよい成績を収めていたけれど、お気に入りは常に数学だった。ほかにも同じくらい好きな教科がいくつかあって、11、12歳頃までは数学の研究を目指すかどうかはっきりしなかった。その数年後に音楽家になろうという考えを完全にあきらめたんだが、もしも音楽家になっていたら、たぶん父の後を追って作曲をしていたと思う。そしてもしも作曲家になっていたら、わが人生の主たる活動は、たぶん今やっていることと似ていたはずだ。価値ある楽曲は、長い数学の証明と同じように厳格な制限を満たす複雑で抽象的な存在であって、そのような作品を生み出すには、全体の構造からより高いレベルの着想をうまく機能させようとするなかで生じた副次的で小さな問題に至るまでの、さまざまなレベルでの入念な計画が必要になる。父は常に数学に強い関心を持っていたので、まるで自分が、父が別の人生で選んでいたはずの道を選んだようにも思える。

学部生になるまでは、数学を生業にするというのがどういうことなのか、まったくわかっていなかったし、ケンブリッジに入ってプロの数学者に教わるようになってからも、教えていないときに先生が何をしているのか、まるで見当がつかなかった。わたしが数学者になったのは、幼くして数学者になりたいと決意したからではなく、イギリスの教育制度が次々にわたしに差し出してくれた自分の専門を選ぶチャンスのすべてで、一貫してほかならぬ数学をすることに喜びを感じていたからだ。そもそも幼い頃は、数学者なるものが存在することすら知らなかった。それに、標準的なシラバスに縛られない、並外れて刺激的で優れた何人もの先生に出会ったことも、わたしを後押ししてくれたと思う。

博士課程に進んだ——つまり、そこにたどり着くために乗り越えなければならない障害すべてをクリアしたわたしは、本物の数学の問題とは何なのかを初めて理解することになった。従来出会っていた問題は、フェルマーの最終定理のような有名な未解決問題か、慎重に設計されていて巧みな解き方ができる、ちょうど数学オリンピックに出題されそうな問題のどちらかだった。ところがわたしが博士課程で最初に取り組んだ、バナッハ空間の幾何学と呼ばれる分野の問題は、それらとまるで違っていた。決して有名な問題ではなく、巧みな方法を一つ見つけただけでは解けない。そうではなくて、数学研究においてもっとも広く使われているある方法を使う必要があった。つまり、自分では考えもしなかったはずの既存の技法を用いた推論を持ってきて、それを修正しなければならなかったのだ。

研究が進むにつれて、問題解決の力だけが数学の腕前ではないということがわかってきた。それと同じくらい重要なのが、自分が取り組む問題をどうやって選ぶかということ、そして、自分の研究がおもしろいということをほかの人々にどのようにして納得させるかということだった。どちらにしても、研究を通して自分が貢献できるより大きなプロジェクトがあると、大いに助かる。現在わたしが研究しているのは、「数論的組合せ論」と呼ばれるわりと新しい分野で、数論と調和解析と極値組合せ論が混じり合っていて、ひじょうに興味深い。はじめはばらばらな問題と結果の集まりでしかないように見えたのだが、それらの問題や解がじつに魅力的で意外な形で関係していることが徐々にわかってきた。現在わたしが研究を通じて貢献している大プロジェクトでは、これらのつながりを理解して、既存の技法を展開することによってより理路整然とした理論を作り上げることを目指している。そこから、既存の技法で解ける問題の先にあるはずの重要な問題を解くための新たな着想を展開しようというんだ。

自分の研究に関心を持ってもらうには、よく知られている問題を解くというもっと直接的な方法もあって、わたしも時にはこの戦術をとってきた。けれどもこの場合もやはり、一般的な研究戦略が重要だ。すでに多くの人が解こうと試みてきた問題に取り組んでいると、絶えず耳元で小さな声が「このアプローチがうまくいっていれば、この問題はずっと前に解けていたはずだよ」とささやきかけてくる。しかもこの声は、99.9パーセント正しい。それでも十分深く掘り下げてみると、その問題を解くうえでの基本的な障害が何なのかが確認できて、それを取り除くことができたりする。そしてたまに、その障害を迂回するうえで役立つ技法がつい最近生み出されたことに気づく。このような偶然が重なる幸運な瞬間はめったにないが、優れた研究戦略があれば、その頻度を増やすことができる。わたしにとっては、それが数学をするうえでの最大の楽しみだといえる。

レオナルト・A・E・カルレソン LENNART AXEL EDVARD CARLESON

ウプサラ大学とストックホルム王立工科大学の名誉教授、ミッタク・レフラー研究所の元所長
専門：調和解析
受賞：フィールズ賞、アーベル賞

　数学と数学者を巡る陳腐な見方はたくさんある。ここではわたし自身の経験に基づいて、そのいくつかを見ていこう。

「特別な数学の才能を持った人が少しだけ存在する」
　たしかに、よき数学者になるにはよき知性が欠かせない。学校の試験で全問正解を出す同級生を喜んで「天才」と呼ぼうという人が多いのだろうが、わたしはこの言葉を、きわめて特殊な洞察力を持つ人々のためにとっておきたい。この年になるまでにわたしが出会ったのはほんの一握りの人々だったが、それでも確かに存在する！（この本に収められている）それ以外の人間、つまり天才ではないわたしたちにとって、ほんとうに重要なのは心理的な環境だ。ストックホルムには、ノーベル賞受賞者全員の写真が飾られている博物館がある。その博物館の広告には（冗談のつもりなのか）、「さあ、世界一頑固な人々を見にいらっしゃい！」とある。または、どのようにして重力の概念を生み出したのかと尋ねられたときのニュートンの答え。「絶えずそれについて考えることによって」。わたしは数学者として、これまでに三つの問題に真剣に取り組み、それぞれの問題に5年から10年を費やしてきた。時にはそれらの問題が、わたしの頭を完全に占領することもあった。だからもちろん、自分たちに与えられた少ない年数を使う方法として、それが理にかなっているといえますか、と問うことはできる。

「数学に取り組むことはすばらしく、ずっと探してきた解が見つかったときの満足は格別だ」
　さきほど述べたことは、この申し立てへの反論のように見えるかもしれない。だからここですぐさま、時にはこの主張が正しかったりもする、といわせていただきたい。ただしそれには、物事がうまくいったときは、という条件がつく。ところが努力が報いられることはごくまれで、数学者の持ち物のなかでは（紙と鉛筆に続いて）ゴミ箱が2番目に大事な持ち物となる。最終的な論文がたとえ数ページであったとしても、その後ろには信じられないくらいの努力があるのだ。論文は単純に見えれば見えるほどよいとされ、しかもそれには多くの仕事が必要になる。論文がはじめからその形で表現されていなかったことは、まずもって確かなのだ。わたしの経験からいうと、結果がゆっくりと見え始め、チェックにチェックを重ねたあげく、ようやくすべての間違いを取り除けたことがわかる。「わかった！」（ユーレイカ）というのは、広く数学者が使う言葉ではない。

「よき数学はすべて、x歳以下の数学者によって成し遂げられる。xは通常約30とされている」
　これにもまた、いくばくかの真実が含まれている。生理学の観点から説明すると、この申し立ては、運動選手に関してはたしかに正しい。数学においても同様に、ほかに類を見ないことを成し遂げるにはひじょうに長い時間集中する必要があって、これは（わたし自身がその確かな証拠なのだが）年がいくと難しくなる。だがたとえx歳を過ぎたとしても、それほど独創的ではない仕事や貴重な貢献なら行うことができる。それに、人は決して愚かになるわけではない。画期的な結果やきわめて込み入った結果は若い人の領分であるにしても、全体を見通す力や知識が必要な結果に関しては、わたしたちにも生涯チャンスがある。

テレンス・タオ　TERENCE CHI-SHEN TAO（陶哲軒）

カリフォルニア大学ロサンゼルス校の教授
専門：調和解析、偏微分方程式、数論、組合せ論
受賞：フィールズ賞

いつだって、数学が好きでした。2、3歳の頃、祖母にまとわりついていたのを覚えています。窓を拭いていた祖母は、ゲームをしようといいました。何か数をいってごらん、たとえば3とか。わたしたちは洗剤を使っていて、祖母は窓にスプレーで大きく3と書いては、それを拭き取るのでした。なんて楽しいんだろう、とわたしは思いました。子どもの頃、練習問題集を持っていました。問題は簡単で、たとえば「3+□＝7という式があります。さあ、箱のなかには何が入りますか？」といった具合。それがほんとうにおもしろかったんです。数学は、わたしにとって唯一ほんとうに意味があるものでした。3足す4はぴったり7、以上、おしまい。後から誰かがやってきて、実は新しいやり方があって、もう7じゃなくなったんだよ、なんていったりしない。わたしは数学の明快なところが好きで、抽象的なゲームのようなものだと思っていました。数学が現実の世界とどのようにつながっているのか、さまざまなことにどのように使われているのかを知ったのは、もっと後のことです。

わたしはオーストラリアで育ちました。子どもの頃、両親はわたしに試験を受けさせ、ある程度の力があるとわかると、わたしを特別クラスに入れました。何年か飛び級をしましたが、すべての教科を一斉に飛ばしたわけではなかった。たとえば8年のときには、英語と体育は8年で受けて、でも数学は12年の授業を、物理は11年の授業を受けるといった具合でした。高校の最終学年である12年になると、大学の数学の授業を受けることになりました。母が高校に迎えに来て、地元の大学まで送ってくれたのです。ひどくややこしかった。あるクラスでは自分とほぼ同い年の人と一緒で、別のクラスでは五つ上の人と一緒だったんですから。同級生のほとんどが、わたしよりずっと大きくて、背も高かった。21歳で初めてカリフォルニア大学ロサンゼルス校の教壇に立ったときは、ほんとうにショックでした。なぜなら、教室のなかで自分が最年長になったのは、それが初めてでしたから。

わたしは素数を研究しています。素数というのは1と自分自身以外では割り切れない数で、たとえば2, 3, 5, 7, 11などがそうです。わたしがベン・グリーンと共同で示したことの一つに、素数のなかに等差数列と呼ばれるある種のパターンが見つかる、という事実があります。素数をずらりと並べた列のどこかに、等間隔で並ぶ5個、10個、20個の素数の列が含まれているのです。その列の長さはいくつでもかまいません。素数は三千年にわたって、主におもしろいからというので研究されてきました。通りを歩くごく普通の人にとって、これらの素数はなんの役に立たない。ところがおもしろいことに、今から3、40年前に素数が暗号にうってつけだということが明らかになったのです。実際、それまでに発明されたどの暗号よりもずっと優れていました。今では、みなさんがATMでお金を出し入れしたり、インターネットでクレジットカードを使ったりすると、それらのデータはすべて素数の性質に基づくある暗号に変えられます。なぜなら素数に基づく暗号は、わたしたちが知っているもっとも安全な暗号の一つだからです。

数学は考古学と似ています。何かの端っこを見つけて、これはおもしろそうだと思う。それから別の場所を掘ってみると、とてもよく似たほかの角が見つかったので、これは深いところで何かつながりがあると考える。さらに掘り続けて、ついに隠れていた構造を発見する。そうやって何かの筋が通れば、発見のスリルを味わえるのです。

わたしは大勢のひじょうに立派で知的な人たちと仕事をし、多くのことを学んできました。でも、超天才でなければ成功できないと考えてみても、何もいいことはありません。ほんとうに優秀な数学者がたくさんいたとして、その人たちに突然ある問題を出しても、彼らはすぐには反応しません。そこで、彼らが考えているところをじっと見ていると、5分か10分後にじつにすばらしい提案を思いつく。きわめて迅速ではないかもしれないけれど、きわめて深い提案だったりする。一人ひとりが違う技能を持っているのです。運動選手と同じで、スプリンターもいれば、マラソン選手もいる。スプリンターがマラソンを走ってもまるでだめでしょうし、マラソン選手がスプリントを走ってもだめ。でも、どちらも優れた才能の持ち主といえます。

生きているうちに解きたい問題がたくさんあります。でもその多くはまるで崖みたいで、このルートなら上まであがれるという明確な道が見当たらない。こちらとしては、自分の手が届きそうなものに取り組んで、さらに技法や数学的な武器や洞察を蓄積していきたい。そのうえでほんとうに解きたい問題に立ち戻り、何か変化があったかどうかを見てみるのです。時には、少ししか動いていないかもしれない。なんだか、釣りと似たところがあって、たとえ腕がいい釣り師が、魚がたくさんいる所に陣取ったとしても、待っていないことには、魚は食いついてこないのです。

ロバート・C・ガニング　ROBERT CLIFFORD GUNNING

プリンストン大学数学科の教授、元研究科長
専門：複素解析

　これまで数学を研究する大学人として暮らしてこられたことを、たいへん光栄に思っている。ほんとうに恵まれた生活だった。この生活は1年ごとに一部が更新されるので、独特の清々しさが保たれる。毎年、一群の学部生や院生が去っていく。こちらが、数学のある分野の知識や直感、数学の興奮と挑戦の感覚、せめて彼らが持った疑問や持つべきだった疑問への回答を提供しようと努めてきた学生、数学を学び使い続けるよう励ましてきた学生たちが去るのだ。そして、新たにまた一群の学部生や院生、熱意や期待の程度こそさまざまだが、新鮮な気持ちと新たな関心を持って前進しようとしている学生たちがやってくる。強烈な1年が終わるたびに夏がやってきて、更新が行われ、新たなグループが生まれる。夏は、過ぎ去った1年間になしたことを振り返り、学んだことを咀嚼し組織化して、熟成した着想や計算を文字にする時であり、より広範に数学の文献を読み、今後集中すべき新たな方向や問題について自由に考える時間なのだ。

　数学自体は楽しい分野であって、基礎がしっかり定まっていながらも、絶えず変化している。その深さはやりがいをもたらし、広さが人を魅了する。たぶん数学は、真に蓄積しうる唯一の人類の試みなのだ。新たな概念が生まれ、古い着想が改めて取り上げられ、拡張されて一般化される。だがどれ一つとして失われることはなく、すべてが広がってゆく数学の知に組み込まれているのだ。正多面体の体積を輪切りにして計算するアルキメデスの技法は、17世紀の微分積分学の発展に組み込まれ、拡張されてカヴァリエリの原理となった。さらに20世紀には、測度や積分の一般理論が展開するなかで、フビニの定理となった。そしてまたいつの日か、登場することになるのかもしれない。基本的な着想は決して失われることなく、むしろ一般化され、より広範な構造に埋め込まれていく。数学はまた、信じられないほど広い。その成果や問いの領域は常に広がっていて、数学者は決して困ることがない。なぜなら、絶えず調べるべき新たな分野が、取り組むべき新たな問題が登場するからだ。同じ題材を繰り返し教える必要はなく、絶えず新たな着想、新たな応用や古い題材の体系化、ほかの分野との新たな関係、既知の技法を用いるべき新たな問題、既知の問題への取り組みに使える新たな技法が見つかる。しかも題材が広範にわたるので、ほかの数学者と同じような問題を取り上げなければという圧力を感じることもなく、自身の問題に取り組むことができる。新たな構造を認識することや、証明のなかで実は何が起きているのかを理解すること、長く苦しかったりもする熟考の末についに問題の答えが理解できたときの喜び、一杯になったくずかご、一見前進がなくいらだたしい時期に経験する眠れぬ夜。これらすべてがあるからこそ、数学はかくも難しく、やりがいがあり、それでいて極めつきの喜びに満ちた試みなのだ。

エリアス・M・スタイン ELIAS MENACHEM STEIN

プリンストン大学のアルバート・B・ドッド教授
専門：調和解析

ごく幼い頃、わたしは永久機関に夢中になった。5歳にして、永久運動を行う装置を発明した！と思ったのだ。この概念について詳しく説明し、さらにさまざまなバリエーションを考えた。まったくの科学音痴だった両親は、わたしのご機嫌を取ることにした。大きくなってから、あれではうまくいかなかったはずだということに気づいたが、それでも、自分に何か特別な才能があって大きなことをなせるかもしれないという幻想を持てたことは、励みになった。

1941年、ちょうどわたしが10歳のときに、一家で戦火を避けてベルギーからアメリカに移った。わたしはすぐに化学に強い関心を持つようになったのだが、やがてその関心は物理に移った。さらに、高校で平面幾何学のひじょうに刺激的な授業を受けて、自分がやりたいのは数学だと確信した。もう一つ幸運だったのは、スタイヴェサント高校の同じ学年に、数学に夢中な子がほかにも幾人かいたことだ。のちにわたしはハーバードではなくシカゴ大学に行くことにしたのだが、それは、朝早く起きるのが難しいことに気づいたからだった。実際、学部生になるとさらにこの癖が強くなり、いつも昼まで寝ていた。シカゴ大学には当時としてはユニークなシステムがあって、授業への出席は義務ではなく、講義の評価は学年末の最終試験だけで決まった。あの大学を選んだ理由はひじょうに知的とはいえなかったが、実際にはきわめて幸運だった。なぜならシカゴ大学は偉大な学者や科学者のメッカだったからで、師のアントーニ・ジグムントや友人たちや同僚、そしてあの大学で学んだことは、わたしの人生に今も影響を与えている。

わたしはまずマサチューセッツ工科大学に職を得て、そこで2年間仕事をした。それからシカゴに戻って3年間教員を務め、さらにプリンストンに移った。シカゴは解析学の偉大な中心だった。わたしはそこですっかりくつろいでいたから、温もりのあるその地を後にすべきかどうか、いささかためらいがあった。プリンストンに到着した時点では、少しばかり非友好的な地に落ち着こうとしている開拓者の気分だったのだ。しかしそれも、すぐに変わった。

わたしは調和解析を研究している。数学の歴史は長く、主立ったテーマのなかには何百年もの歴史を持つものがある。調和解析という分野が始まったのはたかだか18世紀の終わりくらいで、わたしの記憶にある限りでも、その性質は激しく変わってきた。わたしはいくつかの新たな視点を生み出し、この分野とほかのさまざまな分野との新たなつながりを探った。自分の貢献をたいへん誇らしく思っているが、本質的なものがどれ一つとして個人に固有でないことは、重々承知している。

なかには外の世界への具体的な応用のために数学を扱う人もいるが、わたしはそうではない。数学自体に興味がある。さらにもう一つ、指摘しておきたいことがある。数学者のなかには、その問題の手応えゆえに特定の難問に取り組む人がいる。その謎を解きたいという強い願望に突き動かされているのだ。そうかと思えば、なんとしても多様な関係を見つけ出し、広い視野を展開しようと努める人もいる。わたし自身は後者のスタイルだと思う。

数学の活動とはどのようなものなのか。言葉にはしづらいが、わたしには、ある意味でいちばん芸術に似ているように見える。自分がしたいと思うことについての大きな自由があって、その見返りが、自分の内なる美的な感覚とその仕事がもたらす喜びに基づいて評価されるという点において。しかしそのいっぽうで、数学の研究は厳密さや妥当性の厳しい制約を逃れることができず、結局のところその価値は、やがて機が熟したときに科学が決めるのだ。

ジョセフ・J・コーン　JOSEPH JOHN KOHN

プリンストン大学の教授
専門：多変数複素解析、偏微分方程式

チェコスロバキアのプラハで生まれ、7歳までそこで暮らした。エクアドルに移ったのは1939年、ドイツがプラハを占領した3ヶ月後のことだった。母方の祖父は著名な弁護士で、数学や科学に強い関心を持っていた。今でも覚えているのだが、祖父は5歳のわたしに、印のついた杖を使って木の高さを見積もる方法や、太陽の位置から時間を割り出す方法を説明してくれた。建築家だった父は、幼いわたしが、遠近法や幾何学や美術に興味を持つように仕向けた。そしてわたしは、子どもの頃から数学や自然科学における数学的な推論に心を躍らせていた。

エクアドルでのはじめの3年間はクエンカという地方都市で暮らしていたんだが、わたしの受けた教育はひどく厳格で古くさかった。なかでも数学の授業は、ほとんどが〔比に関する〕「3の法則」や〔倍数に関する〕「9の法則」や平方根の求め方といったさまざまなアルゴリズムを暗記することに費やされていた。わたしはいつだってこれらの法則に興味をかき立てられ、なぜこういうやり方でよいのかを懸命に理解しようとした。教師のほうは、これらの法則は天賦のもので、そのまま鵜呑みにすべきだといわんばかりだったんだが……。さらに3年間、今度は首都キートで暮らし、キート・アメリカン・スクールに通うことになった。学校のカリキュラムはアメリカと同じで、学校で求められることはひじょうに少なく、数学の内容はきわめて薄かった。二つの学校の差は歴然としていた。クエンカでは、膨大な内容をとにかく機械的に身につけることが求められ、いっぽうアメリカンスクールでは、形式的な勉強はひじょうに少なく、自己表現やカリキュラム外の活動に重点が置かれていた。

小学校が終わると、アメリカで教育を受けることになった。ブルックリン工業高校では、何人かの先生に触発されて授業以外でも数学や科学を学ぶようになった。数学クラブや数学チームに加わり、ニューヨーク自然科学博物館のジュニア天文クラブの会員になったんだ。そしてわたしは、数学を研究しようと心に決めた。これは難しい決断だった。というのも、どうすれば数学者として食べていけるのかがよくわからなかったから。わたしはマサチューセッツ工科大学で数学を専攻し、ヴィトルト・フレヴィチ、ノーバート・ウィーナー、ジョン・ナッシュ、ノーマン・レヴィンソンといったすばらしい数学者たちの講義を受けた。そしてそこでさまざまな着想や技法を学ぶとともに、数学を研究するにはさまざまなアプローチがありうる、という洞察を得た。

大学院はプリンストンに進んだ。プリンストンの数学科には世界一流の数学者がたくさんいて、大学院にも研究に力点を置いたすばらしいプログラムがあった。1950年代の標準的なアメリカの大学院教育では、きわめて多くを要求される講座に3年間取り組んだ後で論文を書くことになっていたが、プリンストンのプログラムはそうではなかった。講座にはまるで形式張ったところがなく、成績もつかず、院生たちは早く研究課題を見つけるよう促された。個別の素材を学んで試験を受ける学部の体制と、自立した学びを通じて研究への興味を育む大学院プログラムははっきりと区別されていた。

わたしの心をとらえたのは（今もとらえているんだが）、偏微分方程式と複素解析の関わりだった。そして自分の関心の対象からいえば最良の論文助言者を選んだ。ドナルド・スペンサーは熱意に満ち、助力を惜しまず、わたしが自分自身のアイデアを追求するのを後押しし、研究の方向を示唆してくれた。そしてもっとも重要だったのが、わたしのロールモデルになったことだ。わたしはこれまでずっと、彼の熱意、粘り強さ、献身的な姿勢、高い基準に導かれて、数学の研究を展開してきた。

最初に職を得たのがブランダイス大学であったのも、ひじょうに幸運だった。今まさに作られようとしている若い学部で一つの学部を作るために力を尽くすというのは、じつに心躍ることだった。ブランダイスでは、重要な問題に取り組むことがよしとされた。量より質に重点が置かれていたのだ。そのおかげで、論文を頻繁に発表しろというありふれた圧力にさらされることもなく、野心的な長期プログラムを展開することができた。

1968年にはプリンストンの数学科に移り、理想的な雰囲気のなかで研究を続けた。なかにはわたしの仕事と密接に関係する問題に取り組んでいる同僚もいて、じつに才能豊かなたくさんの学生が、わたしがおもしろいと思った問題への取り組みにすばらしい貢献をしてくれた。

いらだたしい努力をさんざん重ねた末にようやくある問題の解に向かって前進できたり、何らかの特徴が理解できて、そのおかげで自分の研究目的に向かって前進可能になった瞬間、それらがわたしのキャリアのクライマックスだったのだろう。数学の研究は決して終わることのない魅力的な目標の追求だ。そこでは、ある問いの答えを得たとたんに別の問いが生まれ、さらなる追いかけっこが続くのだ。

チャールズ・L・フェファーマン　CHARLES LOUIS FEFFERMAN

プリンストン大学のハーバート・E・ジョーンズ・ジュニア全学教授
専門：フーリエ解析、偏微分方程式
受賞：フィールズ賞

幼い頃、ロケットがどうやって飛ぶのかが知りたくて、図書館から物理の本を借りてきた。一言も理解できなかったんだがね。賢明な父は、その本にはきみがまだ習っていない数学がたくさん出ているからね、とわたしに説明してくれた。

だからわたしは数学の教科書を読み始めた。まずは4年生の算数から始めて、微分積分をすべて読み終えると、父はわたしを地元のメリーランド大学に連れて行って、この子を指導してほしいと頼んだ。こうしてメリーランド大学とご縁ができたのだが、この大学はじつにすばらしく、大規模な州立大学であるにもかかわらず、まるで数学科全体が個人授業をしてくれているような感じだった。わたしは学部生としてメリーランド大学に通った。まだ14歳だったので法律には反していたのだが、学科長が、わたしの入学を認めなければ自分が大学を辞める、といって当局を脅したのだ。あの人たちがいなければ、今日こうしてインタビューを受けてはいないはずだ。

大学院はプリンストンにいった。そして途方もなく幸運なことに、そこでエリアス・スタインとともに研究を行った。偉大な数学者であり、わたしが今までに知っているなかで最良の教師でもあるスタインが教えてくれたことや挙げた例は、今もわたしの仕事に大きな影響を及ぼしている。

ここで、わたし自身の貢献を二つ紹介しよう。まず最初に、掛谷集合とフーリエ解析との関係についての成果。掛谷集合というのは、奇妙な平面図形だ。1インチの長さの針を360度ぐるっと回してもこの集合からはまったくはみ出さないようにできるのに、それでいて集合自体の面積は好きなだけ小さくできる。フーリエ解析という分野では、複雑な振動をどのようにして単純な振動に分解するかを研究する。たとえばバイオリンの弦の複雑な動きは、基本的な音と第1の倍音、第2の倍音等々からできている。そして、高周波の部分を取り去ると、弦の音は劣化する。これは一つには、バイオリンの弦が1次元だからだ。これに対して写真は2次元の画像だが、やはり弦の基本音や倍音のような単純な部分からなっている。ところが写真は2次元なので、高周波数の部分を取り去ることによって、逆に焦点のぼけた写真がシャープになる可能性がある。これは、掛谷集合が存在するからなんだが、わたしはこの事実を1970年代に発見した。次元が2より大きい掛谷集合に関しては、今でも難しい問題がある。ちなみに、この本の写真の焦点は完璧だ。

もう一つ、わたしは長年、原子を巡る数学的な問題について考えてきた。どの量子力学の教科書でも、一つの電子と一つの陽子が組み合わさって水素原子ができる理由は説明されている。しかし、なぜ何十億、何千億、何兆もの電子と何十億、何千億、何兆もの陽子が組み合わさってたくさんの水素ができるのかは教えてくれない。これははるかに難しい問題で、そこには必然的にたくさんの数学が絡んでくる。完全な解はまだわかっていないが、わたしは、この問題を系のエネルギーの評価に帰着させることで貢献した。

わたしが問題を選ぶわけではなく、問題がわたしを選ぶんだ。ある問いにわしづかみにされて、そのことを何年も何十年も考えなくてはならないような気になる。ふだんはまるでアイデアが湧かないんだが、よい日には間違ったアイデアが浮かぶ。間違ったアイデアはいわば鍋に放り込む材料で、材料を十分放り込んだら、今度はぐつぐつ煮ていく。すると、運に恵まれればよい味になる。

プリンストンではいつも、大学院生に（多くの場合自分の仕事について）教え、学部生に（多くの場合初等的な解析学を）教えている。研究がうまくいかないときに、自分も何かの役に立っている、だって新入生を苦しめたりしていないんだから、と思えるのは嬉しいものだ。

ロバート・フェファーマン ROBERT FEFFERMAN

シカゴ大学の物理科学部長、マックス・メイソン特別功労教授
専門：調和解析、偏微分方程式、確率論

わたしの母はドイツで育ったんだが、異様に規律が厳格で、とくに数学教育がお粗末きわまりない学校に通ったせいで、この分野を徹底的に嫌っていた。経済学者だった父は、微分積分の講義すら受けずに博士論文を書いた。なぜなら論文の指導教官に、経済学と数学はまるで無関係だ、といわれたからだ。高校の数学で一貫して優秀な成績を収めていた父は、ほかの学生と同じようにこの学問を愛し、尊敬し、常々自力で微分積分を学びたいと考えていた。そんな両親が二人の子どもを授かり、二人とも数学者になった。父の数学に対する態度や経験に少なからず影響された結果、この知的活動を天職とすることになったんだろう。母はといえば、唖然として見ているだけだったのだが。

兄のチャールズは、わたしにとって偉大なロール・モデルだった。わたしは自分の学校生活がはじめはあまり楽しくなかったにもかかわらず、チャールズのすばらしいキャリアや熱意を観察することで、大いに数学を楽しんだ。数学への愛に目覚めたのは、高校生活も終わろうかという頃だった。ひじょうに優秀な微分積分学の教師に出会ったんだ。そのクラスで、真剣に数学者になることを考えようと心に決めた。それに、数学という学問の深さや美しさもきわめて明確になってきた。今でも覚えているんだが、関数論について学んでいるときに学校教育における生涯最良の経験をしたおかげで、数学を専攻するという強い決意とともに大学に進むことになった。メリーランド大学で出会った教授たち、なかでもジョン・ホーヴァスとネルソン・マークリーはすばらしい才能と忍耐で、わたしに大学院で成功するのに必要な知識を授けてくれた。プリンストンに到着した時点で、その途方もなく豊かな環境を活用する準備はすでに十分整っていたと思う。

プリンストンに進んだ時点で、論文の助言者に関して迷う余地はほとんどなかった。エリアス・スタインは並外れた頭脳の持ち主で、きわめて魅力的な研究者で、数学への関心の幅が広く、しかも教師としても才能があり、カリスマ性があった。

集合論や数論、複素関数論、賭博と確率、さらにはたとえばある関数をどのように大小の部分に分割するかという問題などの実変数のもっとも基本的な概念、これらの魅力的なトピックと三角級数の研究から発展してきた現代の調和解析とが深く関係していることを知って、すばらしいと思った。フーリエの発見以来、この理論と微分方程式にはつながりがあることがわかっていて、このことからも数学の重要な分野である調和解析が応用と結びつくことは明らかだった。思うにこのようなつながりは、調和解析の、そして広く数学一般のもっとも魅力的な特徴の一例なのだ。数学は美しい芸術の形態でありながら、人間の知識のほとんどの領域に根本的な形での応用をもたらすもっとも重要な知の源でもある。

わたしがとくに興味を持ったのは、調和解析のなかでもシカゴ大学のアルベルト・カルデロンとアントニー・ジグムントが作り出した特異積分という分野だった。スタインはシカゴ大学で院生としての訓練を受けており、このトピックに関する古典的な教科書を書いていた。そしてそれに導かれるようにして、多くの学生がこの愛すべき解析学の領域を嬉々として前進していった。スタインは、最大作用素と呼ばれる対象が中心にあってこれらの特異積分の振る舞いを決めている、という点を強調していて、わたしはこの最大作用素を深く理解しようとがんばった。そしてこの研究を始めるとすぐに、プリンストンの大学院からシカゴ大学に移った。この分野では、何人かの数学者がより次元の高い特異点集合を持つ特異積分へのカルデロン・ジグムント理論の拡張に関する問いを定式化していた。当時はそのもっとも単純な例ですらまったくの謎だったが、それが積理論〔product theory〕だったんだ。この理論には、時間を記録するために腕時計を二つしなければならないのに、それらの時計の時間がてんでんばらばらで互いに完全に独立である場合にも似た難しさがある。それだけでもかなりややこしい状況なのに、そのうえレオナルト・カルレソンが示した反例によると、通常のカルデロン・ジグムントの結果をこの新たな状況に素直に拡張することはできそうになかった。幸いなことに、大勢の努力によって特異積分の積理論は今や申し分のないものとなり、それが古典理論にどのように収まるのかもよくわかっている。わたしがとくにおもしろいと思う最後の領域の一つに、調和解析の楕円方程式の理論への応用、とくに問題の方程式の係数がざっくりしている場合がある。

結局のところ、わたしはこの上なく幸運なことに、家族や先生や同僚の辛抱強く優しいサポートを得てきた。だからここでみんなに、「ありがとう！」といいたい。

ヤム＝トン・シュウ　YUM-TONG SIU（蕭蔭堂）

ハーバード大学のウィリアム・E・バイアリー教授
専門：多変数複素解析

1943年に中国で生まれ、幼少期はマカオで、10代は香港で過ごした。香港大学の学部を出てミネソタ大学の修士課程に進み、1966年にプリンストンで博士号を取った。1992年からハーバードで数学のウィリアム・エルウッド・バイアリー教授を務め、1996年から1999年までは数学科長を務めた。ハーバードに来たのは1982年で、その前はパーデュー大学、ノートルダム大学、イェール大学、スタンフォード大学で教えていた。

数学者になって早42年、だが子どもの頃は、数学者になるとは思っていなかった。なぜならなんといっても中国文学が好きで、とくに古典詩歌が大好きだったから。科学や数学に興味を持ったのは、ラジオの組み立てに手を出すようになってからだ。たしか、中学に入ったばかりの頃だったと思う。蚤の市で廃物のラジオのパーツをあさり、手に入ったパーツをうまく使い、キルヒホッフの法則を応用して回路図にごく簡単な修正が加えられれば、それで大満足だった。時間がかかる実験より理論的な科学のほうが好きだということに気がついたのは、もっと後のことだ。

数学に魅力を感じたのは、美しくて、明快で、論理的に確実で、普遍的だからだ。数学は、言語や文化の壁を超える。自然の構造が持つ論理的な特徴を、一点の疑問もなくじつに明快に抽出してみせる。

わたしが研究しているのは、解析学の一分野である多変数複素解析で、幾何学と密接な関係がある。解析学は、寸法として表すことができる実変数を扱う。これに対して複素変数になると、−1の平方根などの複素数を使うことができる。多変数複素解析では複素変数が二つ以上の場合を扱い、物理学や天文学や工学をはじめとする応用科学の分野に登場する方程式やその解の幾何学を研究し理解するための、もっとも自然な基盤を提供する。

たまに、知的好奇心と美しさにだけ導かれて基礎的な研究をすることでどのような満足が得られるんだろう、すぐに具体的に応用できるわけでもなく、見返りが得られる見通しもないのに、といぶかる人がいる。数学者にすれば、量やシンメトリーや空間の構造を真に深く理解することで、結局は新しく本当に有益な応用が生まれると感じられるのだ。そのほうが、目標を設定した研究から生まれる応用より広くて深いはずだ。現実問題として、数学にはそれほどお金がかからない。社会でのコンピュータ利用が右肩上がりになるなかで、数学はほぼすべての分野の定量的な側面に関わるようになってきた。それらの分野の多くは、ごく最近まで数学とはまるで無縁だったのだが。

今になって振り返ると、知的な刺激に満ちた環境が、わたしのキャリアを育む大きな要素になっていたことがわかる。院生時代には、院生仲間との議論から多くを得た。それになんといっても、わが博士論文の助言者であるロバート・ガニング、エウジェニオ・カラビ、ハンス・グラウエルト、ジョセフ・コーンなどのメンターやロール・モデルが、わたしの研究課題や数学観を形成するうえで決定的な役割を果たしてきたことは明らかだ。

ルイス・ニーレンバーグ　LOUIS NIRENBERG

ニューヨーク大学クーラント数理科学研究所の元所長、教授
専門：解析学、偏微分方程式
受賞：アーベル賞

数学へのわたしの愛は、子どもの頃に始まった。父はわたしにヘブライ語を教えようとしたが、愚かにもわたしが抵抗したので、友人に個人教授を頼んだ。ところがその友人は数学パズルが好きだったことから、毎回かなりの時間を数学パズルに費やしたのだ。モントリオールでの高校時代は、ちょうど大恐慌と重なっていた。当時は高校の教師になることが望ましいと考えられており、わたし自身も優秀な先生たちに出会った。なかでも物理学の先生は博士号を持っていて、わたしも物理学を研究しようと決意した。

大学では、理論物理学者になるために数学と物理学を専攻した。第2次大戦の終わりに学部を卒業したときに、たまたまニューヨーク大学のリチャード・クーラントから、数学の院生として研究をするための助手のポストを提供しよう、といわれた。こちらとしては、修士号を取り終えたら物理学の研究にシフトするつもりだったが、結局数学に留まった。とはいえ、物理学には今も大いに敬意を払っている。

たいていの人が、数学は死んだ学問だと思っている。絶えず新しい展開があって、数学に取り組むのがとても楽しいということを知らないんだ。

「数学するには何が必要ですか？」と尋ねられることがある。むろん才能があれば助かるが、ある予想が正しいか間違っているか、なぜそうなのかを知りたいという好奇心と（頑ななまでの）忍耐も必要だ。これは、多くの創造的な分野でいえることなんだが。

わたしの主な研究対象は偏微分方程式で、これらの方程式は物理学や経済学、さらには幾何学や複素解析などの数学の分野のさまざまな現象を記述する。博士論文は幾何学の未解決問題に関するもので、その問題を解くには、それらの微分方程式の解の存在と一意性を示す新たな結果が必要だった。そのような結果を得るには、関数やその導関数の大きさを詳細に評価しなければならない場合が多く、そのために不等式を注意深く調べることになる。わたしは実は不等式が大好きで、新しくておもしろそうな不等式を教わると、往々にして気持ちが高ぶる。偏微分方程式を用いて数学のほかの分野や科学の問題に取り組むには、たとえば、それらの解に使えそうなシンメトリーがあるか、といった方程式の解の性質を知る必要がある。わたしの業績のいくつかは、ある種の一般的な方程式の解におけるこのようなシンメトリーの確立と関係している。

応用数学と呼ばれるものに関する論文は、1本だけだ（一般に、純粋数学と応用数学を区別すべきだとは思っていない）。流体力学に関する論文だ。この分野の長年の問題に、流体力学の方程式の解が時間が経ってもなめらかであり続けるのか、それとも特異点ができるのか、という問いがある。わたしは二人の協力者とともに、特異点が生じるとしてもその1次元の測度はゼロで、それらの特異点がたとえば曲線を埋め尽くさないことを証明した。

ほかの人と一緒に仕事をするのが大好きなので、論文の9割が共著だ。数学者のなかには主に文献を読んでさまざまな知識を身につける人もいるが、わたしは昔から数学の文献を読むのは難しいと感じていて、たいていは、誰かが自身の業績を発表しているのを聞いて知識を身につける。一口に数学者といっても、新たな理論を展開する人もいれば、主として与えられた問題を解くプロブレム・ソルバーもいる。わたしは後者に属するが、前者には最大級の敬意を払っている。

数学の問題は伝統的に自然のなかの問題、主に物理学の問題から生まれてきた。だが、数学そのものからも多くの問いが生まれる。ここ20年ほどで、物理と数学の間に新たなすばらしい相互作用が生まれた。そして、物理学者は新たな数学的概念を思いつき、数学者は物理学に貢献してきた。そのうえ、数学のある分野の結果が、別の分野で深い、時には驚くべき結果をもたらすことも明らかになってきた。これは、とてつもなく刺激的なことだ。

ウィリアム・ブラウダー WILLIAM BROWDER

プリンストン大学の教授
専門：代数的トポロジー

いったいどうすれば、3人兄弟がそろいもそろって数学者になれるんですか、とよく尋ねられるが、そう簡単には答えられない。遺伝的な素質というのは嘘で、両親は数学とはまるで縁がない。母はサンクト・ペテルブルクで法学の学位を取っており、父は主として自学自習の人だった。3年生のときに学校をやめて、さまざまな本を読み、通信制の学校でやはり法学の学位を取った。実際に法律家として働いたわけではなかったが、この学位は、本人を守るうえで大きな助けとなった。ソビエト共産党がもっともうまくいっていた時代に長く議長をやったあげくに共産党から放り出され、さまざまな訴訟で政府とやり合うことになったからだ。

わたしたち兄弟は3人が3人とも本の虫で、あらゆるレベル、あらゆる種類の本に囲まれていた。フェリックスは神童で、4歳にしてかなり洗練された本を読み、学校の先生たちはその幅広く深い知識に恐れをなした。わたしは末っ子だったので、いきおいフェリックスやアンディーを受け持ったことのある先生に出会うことが多く、それらの先生は、最大限の注意と敬意を持ってわたしに接した。

3人ともチェスはかなりの腕前で、とくに第2次大戦中は熱心に新聞を読んでいた。大きくなったら何になるのかという問いに対するわたしの答えは、まず（組み立ておもちゃのリンカーンログやティンカートイの経験から）建築家、それから（金属の組み立ておもちゃ、エレクターセットの経験から）機械エンジニア、さらに化学者、そして最後は原爆に胸躍らせて、物理学者になる！というものだった。原子や核分裂に関する記述を初めて目にしたのは、1945年8月のニューヨークタイムズの紙面で、原子番号やウラニウムの同位体の重さを知った。それまでにもとてつもないSFを読んではいたが、現実のほうが破天荒だった。

高校では物理学と化学の授業、そしてそこで示される物理的世界の美しく論理的な構造が好きだった。ポピュラーサイエンスの本を読み、まさに物理学に夢中だった。数学の授業はたいてい退屈で計算が多く、さして美しくもなかったが、1学期だけユークリッド幾何学の授業があって、それはおもしろかった。

マサチューセッツ工科大学に入ったわたしは、いくつかのショックに見舞われた。まず、もはや自分はいちばん頭が切れる学生ではなかった。もっと世慣れていて、科学や数学のことをよく知っている学生が大勢いた。それに、物理学や化学には実験が重視される必修講座がつきものだったが、実験室のわたしはまるで5本の指がすべて親指（それも、左の親指だけ）になったみたいに不器用だった。

翌年、わたしは数理物理学の講義を取った。そしてそこで、新たにある不思議な現象を発見した。学生のなかには「物理的な直感」を持っている者がいて、そのおかげで問いに対する奇妙ですばらしい答えを見つけることができるのだ。教授はそれをいたく喜んだが、わたしにはさっぱりわけがわからなかった。しかもその教授は、計算で数学をめちゃくちゃにしていた。数学の講義では、同じ数学について興味をかき立てる美しい説明がなされていたのに。かくしてわたしは、自分の脳が元来物理学をするようにはできておらず、はるかに数学向きであることを悟り始めた。

プリンストンの大学院では、代数的トポロジーの美しさに目覚めた。プリンストンは、代数的トポロジーを牽引する世界的なセンターだったんだ。論文助言者のジョン・ムーアがたいへんおもしろそうな問題を勧めてくれたので、わたしはそれについて調べ始めた。そして数ヶ月後、ムーアはわたしに途方もなく美しくて視野の広い解を示した。わたしはその解を細かく読み解こうとしたが、遅々として進まなかった。やがて、わたしが初めての職に就くために大学院をやめる寸前に、ムーアはその着想が間違っていたことに気がついた。わたしは博士論文用の小さな結果を一つだけ携えて、ロチェスターに向かった。そこの数学科には同じ分野で話ができそうな研究者は一人もいなかったが、今思うと、これはまさに天の恵みだった。

コーネル大学でもっとおもしろい仕事に就けるかもしれないという可能性にすがりながら鬱々と6ヶ月を過ごした末に、とにかく腰を据えて、その問題に関して自分が演繹できるもっとも簡単な事柄を書き出すことにした。すると突然まったく新たな側面が見えてきたので、論文をまとめるべく、熱意を込めて力一杯藪を切り開いていった。

こうしてわたしは重要な教訓を学んだ。自分にとっての喜び、それは新たな着想を得ることであり、それまで誰も考えなかった何かを見つけることであり、自分自身で新しい結果に向かう道を作り出すことなのだ。わたしは、人からの数学に関する助言を受け入れられたためしがない。助言は刺激にはならない。わたし自身の風変わりな視点だけが、わたしの血を沸き立たせる。むろん他人の論文を読み、それを楽しみ、刺激を受けることはできるが、自分の視点が得られて初めて真の前進がある。これは常にわたしの最大の強みであり、最大の制約でもあった。

科学の権威筋の多くがいう「方向性を持った研究」の時代なら、科学者としてのわたしは枯れて死んでいたはずだ。学生たちにも話すのだが、視点こそがすべてであって、真に貢献しようと思ったら、論文を書くときと同じで、自分自身の声を見つける必要がある。

フェリックス・E・ブラウダー　FELIX E. BROWDER

ラトガーズ大学の元研究担当副学長、全学教授、シカゴ大学のマックス・メイソン特別功労名誉教授
専門：関数解析、偏微分方程式

わたしは1927年7月にロシアのモスクワで生まれ、5歳のときにアメリカに来た。父はアメリカ共産党書記長を免職されたアール・ブラウダーで、小学校も出ていなかった。父方の祖父は学校教師だったが職を失い、自宅で子どもたちの教育を行っていた。そうはいっても、父は本質的に自学自習の人だった。ミズーリ州のカンザス・シティーで社会主義反戦活動のリーダーとなり、第1次大戦に反対して、1917年から1920年まで投獄された。父は、生涯に1万冊の本を集めた。

母は元来天文学に関心があったのだが、サンクト・ペテルブルク大学で法学の学位を取った。これは、ロシア革命の前にはきわめて困難なことだった。なぜなら母はユダヤ人で、弁護士として働ける町はハルキウだけだったから。母は市長の秘書になったが、この人物は母と違ってボルシェヴィキではなかった。それから1926年に、モスクワで父と知り合った。当時父は、共産党の指導者になりたい人々のための特別な学校、レーニン・スクールを訪れていたのだ。アメリカの共産党職種別組合の代表として滞在し、クレムリンのプロフィンテルン（赤色労働組合インターナショナル）で仕事をしていた。

二人の弟アンドリューとウィリアム、そしてわたしは、全員数学者だ。ウィリアムとわたしは全米科学アカデミー唯一の兄弟会員でもある。わたしは1970年代から80年代にかけて、11年間シカゴ大学の数学科長をつとめた。ちょうどその頃に、ウィリアムはプリンストンの学科長を、アンドリューはブラウン大学の学科長を務めていた。なぜ3人が3人とも数学に引き寄せられたのか、わたしにはよくわからない。

わたしは1944年にヨンカーズ高校を卒業するとマサチューセッツ工科大学（MIT）に入り、1946年に数学の学位を取った。ちなみに、わたしは全米の学部生を対象とする数学コンテスト、ウィリアム・ローウェル・パトナム数学コンペティションの上位5人に入ったことがある。1946年に20歳でプリンストンに進み、1948年に非線形関数解析とその応用に関する論文で博士号を取った。以来60年間、この分野と偏微分方程式、とくにバナッハ空間からその双対空間への単調作用素を中心に研究している。

1948年から1951年までは、MITに創設されたばかりの2名のムーア専任講師（任期は3年）の一人だった。当時は数学のポストを得ることが難しく、この状態が1955年まで続いた。その間、わたしは教える立場にあり、そのうえ数学科から推薦されていたにもかかわらず、MITの永年ないし長期のポストにはまったく就くことができなかった。1953年にグッゲンハイム・フェローシップを勝ち取り、同時に米軍に招集された。軍では危険人物とみなされ、ついに裁判を受けることになったが、結局は無罪となった。1955年に軍を去り、ブランダイズ大学の准教授になった。1956年にイェール大学に移り、さらに昇進した。そして1963年にシカゴ大学に移ると、そこで23年間仕事をした。1986年にシカゴ大学を退職し、ラトガーズ大学の副学長になった。1999年には、数学と計算機科学の科学栄誉賞を受けている。

なぜわたしが空っぽに見える部屋に座っているのか、不思議に思われるかもしれない。なぜ空なのかというと、この新しい家に引っ越そうとしているからだ。引っ越しを決めたのは、一つには、わたしの3万5千冊の本を収めるための場所が必要だからで、書庫の本はさまざまなカテゴリーに分かれている。数学もあれば物理学や科学、哲学、文学、歴史もあるし、現代政治学や経済学の本もかなりある。博識家の書庫といえるだろう。わたしは何にでも興味があって、書庫はわたしのあらゆる関心を反映している。これは一貫して、数学におけるわがキャリアの特異点だった。寡聞にして、自分のような数学者をほとんど知らない。まあ、最近知り合ったジャン・カルロ・ロタは例外で、彼は何にでも関心を持つんだが。

アンドリュー・ブラウダー　ANDREW BROWDER

ブラウン大学の名誉教授
専門：関数解析

　数学者の多く、おそらくほとんどが、幼い頃から数学が世界一おもしろいということを知っていて、何かほかのことをしたくなるなんて思いもしなかったのだろう。でも、わたしはそうではなかった。

　1955年の春、朝鮮戦争の休戦が相変わらず持続されていたので、アイゼンハワー政権は軍の規模を縮小することにした。そのための一つの方法として、大学院に行く者には（3ヶ月を上限とする）早期除隊が認められることになった。当時わたしはフォート・ディクスの一兵卒で、市民生活を送れるようになるのを心待ちにしていた。そこで初めて大学院に願書を出し、運よくマサチューセッツ工科大学に入ることができた。正直いって、大学に長く留まる気はなかったが、自分でも驚いたことに、数学がどんどんおもしろくなっていった。

　かなり前になるが、まだ数学者を自称していた頃に、いくつかの定理を証明した。自分でもたいへんおもしろい定理だと思ったし、ほかにも何人か同じように感じた人がいた。さらに本を2冊書いたら、かなりの人が役に立つ本だといってくれた。百以上の講座で数学を教えてきたが、わたし自身おもしろくて楽しめる講座もあれば、ひどく気のめいる講座もあり、たいていはその中間だった。学生たちも、同じように感じていたのだろう。カリフォルニア大学バークレー校のミラー研究員だった2年間とデンマークのオーフス大学での2年間は楽しかった。全体として、自分にとってよい経験だったといえる。これらすべてが米軍の、そしてもちろん復員軍人援護法のおかげといえそうだ。

　数学を科学と見る人もいれば、芸術と見る人もいる。そしてまた、なによりもまずスポーツだと考える人もいる。わたしにとっての主なスポーツは、常にチェスだった。わたしが6歳のときに、父がチェスを教えてくれた。11か12のときに、家族ぐるみのつきあいがあった友達からチェスの本をもらって、以来チェスの虜になった。本格的なスキルを身につけたことは一度もなかったが、ブラウン大学のチャンピオンになったこともあり、グランドマスターと五分五分だったことは誇れると思う（グランドマスターが主催した多面打ちに2度参加して、いずれも引き分けた）。10年ごとにチェス中毒が再発して、実際にチェスをしたりプロのゲームを再現したりすることに膨大な時間を費やすことになったのだが、1年もすればその熱も収まった。マラリヤのようなこの中毒から抜け出すことができたのは、いつでも簡単にわたしを打ち負かせるコンピュータプログラムが登場したからだった。その後しばらくは、囲碁に注目した。このゲームは、ルールはごく簡単なのに、ひどく難しい。わたしの知る限りでは、コンピュータのプログラムはまだ初心者レベルでしかない。20数年前にブラウン大学の数学科に囲碁ブームが到来した時点で、わたしはかろうじて初心者レベルを脱した程度だった。

　いろいろな問題に関してわたしが気に入っているのは、かつてルートヴィヒ・ウィトゲンシュタインが書いた次のような言葉だ。いわく、「語れないことについては黙さねばならない」"Woven man nicht sprechen kann, darüber muß man schweigen" のだ。

キャスリーン・S・モラヴェッツ　CATHLEEN SYNGE MORAWETZ

ニューヨーク大学クーラント数理科学研究所の名誉教授、元所長
専門：偏微分方程式、流体力学

前に娘の一人に、「数学者は、常に舞台に立っているというところが問題なのよね。定理を証明するという形で、絶えず何事かを成し遂げようと努めなければならないんだから」といわれたことがあります。そのうえこれには終わりがありません。人とだけでなく自分とも競い合う、それが人生に独特の魅力を与えるのです。

わたしが若い頃、こんなことをしたいという女性は決して多くありませんでした。でもそれは、わたしにとってある意味自然な専門職だった。父のジョン・L・シンジは数学者で、アイルランドとカナダの間を行ったり来たりしていました。ダブリン大学の数学科にいて、それからトロント大学の数学科に来て。父からは、いつも数学者の話を聞かされていました。両親は、大ざっぱにいうと、この子はたいへん頭が切れるけれど数学に進んではならない、と考えていました。気まぐれすぎると思っていたのです。それに父からすれば、家族にもう一人数学者がいるというのも問題でした。したがって、とくに励まされたりはしませんでした。高校で、普通の先生よりはるかに物知りな数学の先生に出会いました。その先生は放課後の時間を割いて、生徒たちが大学の奨学金を取れるように授業をしてくれました。でも今思うと、あの先生はわたしのためにあの授業をしてくれたのかもしれません。結局わたしはトロント大学に進むためのひじょうによい奨学金を得ることになりました。ところがその奨学金には条件がついていて、数学と物理学と科学のプログラムに参加し、それらを続けなくてはならなかった。わたしはそのプログラムに参加して、これらの分野に取り組み続けました。2年目には、そのプログラムがあまり好きでなくなっていたのですが、3年目も続けた。すべては戦争中のことで、なんとなく落ち着かない感じでした。ボーイフレンドは海軍に入っており、自分も戦争のために何かすべきだと考えたわたしは、結局ケベック市の近くの弾道検査場で働くことになりました。これはたいへん楽しい仕事で、自分は何かを試験したり証明するのがほんとうに好きなんだと感じました。それから最終年度を終えるために大学に戻りました。そこで、小さい頃から知っていたセシリア・クリーガーという数学者にばったり出会ったのです。卒業したらどうするつもりなの、と尋ねられて、インドに行って先生をしようと思っています、と答えると、セシリアは震え上がって、大学院に行くべきです、といいました。そこで、どうしたらいいのかわからないんですけど、というと、セシリアはすぐに特別研究員の奨学金を取れるよう手配してくれました。カリフォルニア工科大学は女性を取りませんでしたので、マサチューセッツ工科大学（MIT）に進みました。MITで少しだけ電気工学に寄り道してから、数学の修士号を取りました。もう一つ、トロントからの知り合いでニュージャージーに住んでいたハーバート・モラヴェッツと結婚しました。それもあって、ニューヨークに近いところで職を探すことになりました。父を通じてニューヨーク大学のリチャード・クーラントと会い、初期のコンピュータの電気接続のはんだ付け要員として雇われたのですが、はんだ付けはせずに、カール・オットー・フリードリヒと力を合わせてクーラントの圧縮性流れに関する著作をまとめました。

ニューヨーク大学でさらに数学の講座を取ったわたしは、数学という分野と学生の雰囲気にすっかり魅せられました。当時も今も、何はさておき応用できるもの、たとえば超音速流に関する自分の業績のようなものに関心があります。空を飛んでいる飛行機があったとして、音速は局所的な現象で、圧力によって変わります。このとき、内部の流れは超音速――つまり局所的な速度が音速を超えるような泡が生じて、それ以外の流れは音速以下であるという状況は大いにありうる。音速以下の流れはひじょうになめらかですが、超音速の流れでは衝撃波が起きて、翼にけん引力を及ぼすかもしれません。50年代には、衝撃波ができるかどうかに関心が集まっていたのですが、わたしはこれに関連するいくつかの問題を解くことに成功しました。それは、ほんとうに応用できる定理だったのです。さらに、無衝突衝撃波のことも研究しました。これは熱核反応で起こりうる現象で、実際には太陽系の内部や外部で生じます。「無衝突」というのは、分子が互いにぶつかるまでに膨大な距離を進むという意味です。通常、この衝撃波は実際にはなめらかな変化で、分子の平均自由行路程度ないしそれに近い幅があると考えられています。もしも衝突がひじょうに離れたところで起きるのであれば、どうして不連続に見える現象が得られるのか。わたしは長年この問題に取り組んできました。

1951年から1960年まで、クーラントが寛大にもパートタイムで働くことを許してくれたおかげで、わたしは4人の子どもを育てることができました。ろくな人間に育たないよ、といわれることが多かったけれど、まるでその逆でした。

ピーター・D・ラックス　PETER DAVID LAX

ニューヨーク大学クーラント数理科学研究所の教授
専門：偏微分方程式
受賞：アーベル賞

ほとんどの数学者がそうであるように、わたしも早くから──10歳くらいだったろうか──数学に魅せられていった。幸いなことに、よくわからないことは叔父が説明してくれた。ハンガリーには深い数学の伝統があって、19世紀初頭の天才、ヤーノシュ・ボーヤイによる非ユークリッド幾何学の発明という画期的な出来事にまでさかのぼることができる。高校生向けの数学雑誌やコンテストのおかげで、才能豊かな若者を早く見つけて集中的に育てることができたのだ。わたしは、ずば抜けた論理学者であり教育者でもあるロザ・ペーターの個人指導を受けていた。ペーターの『無限で遊ぶ』という一般向けの数学書は、今でも数学に関するもっとも優れた一般向けの入門書だといえる。

1941年の終わり頃、一家そろってリスボン発アメリカ行きの最終便に乗船し、この地にやってきた。当時わたしは15歳だった。ハンガリーでわたしを指導してくれていたメンターたちは、アメリカに定住していた同郷の数学者たちに宛てて、どうかわたしの教育に関心を持ってほしいという手紙を書き送ってくれていた。高校を終えたわたしは、リチャード・クーラントのもとで学ぶためにニューヨーク大学に進んだ。クーラントは、若き才能を育てることで有名だった。これは、わたしにとって人生最良の選択だった。

18歳で米軍に招集されて基本的な訓練を受け、テキサスのA&Mでエンジニアリングの勉強を6ヶ月行った後に、マンハッタン計画の一部を担うロス・アラモス国立研究所に配属された。まるで、SFのなかで暮らしているようだった。現地に到着するとすぐに、そこに居る全員が、プルトニウムから原爆を作るために一心不乱に作業をしているのだと聞かされた。プルトニウムは自然界には存在しない元素で、ワシントン州ハンフォードの原子炉で作られていた。その爆弾で、戦争にけりがつくはずだった。どこからどう見ても史上最大の科学事業であり、それを率いているのは科学界のもっともカリスマ的なリーダーたちだった。ロス・アラモスという超極秘の理想郷(シャングリラ)はメサと呼ばれる高原にあって、信じられないくらい美しい山々に囲まれており、ちょっと歩くと昔ネイティブ・アメリカンが暮らしていた洞穴があった。

ロス・アラモスで1年を過ごしたわたしは、復員してニューヨーク大学に戻り、学部での教育を終えて、1949年に博士号を取得した。それからまた国立研究所に戻って1年を過ごし、その後も夏になるとよくコンサルタントとして研究所に滞在した。あそこで大きな科学グループの一員として仕事をした経験と、研究所が先鞭をつけて当時まさに出現しようとしていた科学技術計算の原理は、わたしの数学への見方に決定的な影響を及ぼした。1950年にはニューヨーク大学の数学科の若手職員になり、それから50年間、競争とは無縁な、まるで大学のようなクーラント研究所の環境の恩恵に浴してきた。

数学は音楽に例えられることがあるが、わたしは絵画に例えたほうがよいと思う。絵画では、自然界に存在する対象の形や色や感触を描写することと、平らなキャンバスに美しいパターンを作ることの間に創造的な緊張がある。そして数学でも同じように、自然法則を分析することと美しい論理パターンを作ることの間に創造的な緊張がある。

わたしがしてきた仕事のほとんどは、音波の伝播や拡散、流体における衝撃波の形成や伝播など、物理がきっかけで生まれた問題と関係している。だが、数学は美しくなければならない。これらの問題の多くが、純粋数学の興味深い問題へとつながった。

数学者たちは、世界規模の密接な共同体を形作っている。冷戦のまっただなかでも、アメリカとソビエトの科学者は互いに誠意ある関係を維持してきた。このような同志関係は数学の喜びの一つであり、数学の外の人々にとってもよい例となるはずだ。

アラン・コンヌ ALAIN CONNES

コレージュ・ド・フランスとオハイオ州立大学の教授
専門：非可換幾何学
受賞：フィールズ賞

人間の精神が概念を作る一つの方法、それが数学だと思っている。数学は、哲学が果たし得たはずの役割をさまざまな形で果たしてきた。つまり、実世界で使える概念を生み出してきたのだ。概念が展開するにせよ実世界で使われるようになるにせよ時間がかかるが、その真の製造元は数学なのだ。数学の概念は、形や抽象的な対象に関するものでなくてはならず、それらは数よりはるかに微妙で多様である。たぶん一般の人々は、このことに気づいていないのだろう。数学者は、必要なときにだけ数を使う。エネルギーの概念は物理学から来たともいえるが、実はその源は数学にある。数学は究極の言語であって、そこでは抽象的な概念が抽出されてきわめて厳密になり、多種多様な分野で使えるようになる。同時に数学は、きわめてタフでありうる。なぜなら動じないからだ。数学は確固たる現実であって、こちらが好き勝手にすることはできない。数学はおっかないものなのだ。しかし、恐れてはならない。アレクサンドル・グロタンディークの美しい言葉を借りれば、「間違いを恐れるということは、真実を恐れること」なのだ。

ここで、友人の子どもを巡るあるエピソード、数学の本質をきわめて明瞭に示す挿話を紹介しよう。その5歳の男の子は、父親と一緒に海岸にいた。3歳のときに大病を患っており、父親は絶えず子どもの体調に気を配っていた。子どもが青ざめた顔をして、1時間もじっと海岸に座り込んでいるのを見て、父親は心配になった。すると子どもがやってきて、「パパ、最大の数はないんだね」といった。父親はびっくりした。数学者ではなかったから、「どうしてわかったの？」と尋ねた。すると子どもは、父親に証明を教えた。子どもが数え方を指を使って身につけるのがどうのこうのという愚にもつかない話をよく耳にするが、ここでは5歳の子どもが自力で本物の数学的な事実を発見している。それも、本のなかではなく、自分の脳のなかで。この子は純粋な思考によってこの事実を発見し、証明を見つけた。これが数学の本質なのだ。むろん、伝統があるのは事実で、本もたくさんあるし、証明がついたからといって、自分たちが学ぶべき事柄が消えてなくなるわけではない。そのいっぽうで数学は、仲立ちとなる道具抜きでわたしたちが直接触れ合えるものなのだ。これが、数学のもっとも顕著な特徴なのである。まったくの一人ぼっちでも、数学について考えることはできる。必ずしも現在重要とされている数学をしなければならないわけではない。なぜならそれには最新の知識を仕入れる必要があるから。孤立状態で数学に取り組むべきだといっているのではない。孤立状態ではどこにも行き着けない。わたしがいいたいのは、数学を始めたら——ほんとうの数学者になろうとするのなら——どこかの時点で本を読むのをやめなければならないということに気づくかどうかが鍵になる、ということだ。自分一人で考えなくてはならない。自分自身が己の権威とならなくてはならないのだ。頼るべき権威筋はどこにも存在しない。ある時点で、そのことが本に書かれているか否かはどうでもよいということに気づく必要がある。重要なのは、果たして自分に証明があるか、それを確かだと思っているかどうかなのだ。ほかのことはどうでもよい。そしてこれは、ごく小さな子どもにも起こりうることなのだ。

わたし自身の仕事、わたしの論文に関していうと、デカルト的な視点、すなわち通常の幾何学がある。そこには座標や何かがある。しかし、より複雑な空間もある。なぜならそこでは集合の点だけでなく、点同士の関係を見ていくからだ。これらの新たな集合、関係を含む集合を代数で記述することができるが、それらの代数は非可換だ。これは物理学者が最初に発見したことで、ごく簡単に説明できる。紙切れに何か単語を書く場合は、文字の順序に注意を払う必要がある。ある日友人からメールが届いたのだが、その意味を理解するのにしばらくかかった。なぜなら意味不明な箇所が四つあったからだ。少しして、ようやくそれがわたし自身の名前の文字の順序を入れ替えたものであることに気がついた。普通の数の計算、つまり普通の代数をする場合は、文字を交換できる。文字の順序はどうでもよく、3×5と書いたら、それは5×3と同じだ。ところが物理学でミクロレベルの系を見る場合は、順序が問題になることがわかった。より慎重にする必要がある。わたしが博士論文でまとめたのは、順序に注意を払う必要がある代数構造を見たときに時間が現れる、という発見だった。時は、このような非可換性——文字の順序に注意するという事実——から生じる。ここから今度は、「因子の分類」に取り組むことになった。そして10年間その仕事に取り組んだ後に、「非可換幾何学」というまったく新しい幾何学を展開した。この幾何学では、通常の幾何学概念をさらに洗練して、新たな空間に適用する。これらの空間には驚くべき性質があって、その空間に特有の時間を作り出す。しかもそれだけでなく、みなさんはそれらの空間を冷ましたり暖めたりできる。したがって、これらの空間では熱力学を展開することができるのだ。これらの新たな空間には関連するまったく新たな幾何学や代数が存在していて、わたしは非可換幾何学と呼ばれるその幾何学に、生涯をかけて取り組んでいる。

イズライル・M・ゲルファント　ISRAEL MOISEEVICH GELFAND

ラトガーズ大学の客員研究員
専門：群の表現論、解析学

わたしは、予言者でもなんでもありません。ただ、学び続けてきました。生涯をかけて、レオンハルト・オイラーやカール・フリードリッヒ・ガウス、年上や年下の同僚や友や協力者たち、そしてなによりも学生たちから学んできたのです。そうやって、仕事を続けてきました。

数学のことを退屈で形式的な科学だと思っている人が多い。けれども数学におけるほんとうによい仕事には、常に美しくて単純で正確で、途方もないアイデアがあるものです。これは、なんだか奇妙な組み合わせです。わたしには、この組み合わせが本質的だということが早くからわかっていました。クラシック音楽や、詩の例を通して。そしてそれは、数学を象徴するものでもあります。音楽を真剣に楽しむ数学者が多いのは、たぶん偶然ではないのでしょう。

音楽のことを考えるときは、数学でよく行われるような細かい分野分けはしません。作曲家に向かってお仕事は、と尋ねたら、相手は「作曲家です」と答えることでしょう。「カルテットの作曲家です」とはいいそうにありません。どのような数学をしているのですか、と尋ねられたときに、わたしが「数学者です」とだけ答えるのは、たぶんそのせいなのでしょう。みなさんにも思い出していただきたいのですが、20世紀に音楽のスタイルが変わると、たくさんの人が、現代音楽にはハーモニーがないとか、標準的なルールに従ってないとか、不協和音があるなどと言い立てました。でも、シェーンベルクやストラヴィンスキーやショスタコーヴィッチやシュニトケの音楽は、バッハやモーツァルトやベートーベンの音楽のように的確だった。

1930年代に、若き物理学者ヴォルフガング・パウリは、量子力学に関する最良の著作の一つをまとめました。パウリはその最後の章でディラックの方程式について論じ、この方程式には弱点がある、なぜならこの方程式からはとうていありそうにない、まさに馬鹿げた結論が得られるから、と記しています。これらの方程式によると、

1. 電子のほかにプラスの電荷を持った粒子、陽電子（ポジトロン）があると仮定されているが、そのようなものは誰も観察していない
2. そのうえ、電子は陽電子と出会うと奇妙な振る舞いをする、つまりこの二つが互いに打ち消し合い、二つの光子になる

そしてまったくむちゃくちゃなことに、

3. 二つの光子が電子と陽電子の対になりうる

というのです。それでもパウリは、ディラックの方程式はじつに興味深く、とくにディラックの行列は注目に値すると述べています。幸いなことに、わたしは偉大なるポール・ディラックと会うことができました。ハンガリーで、ともに数日を過ごしたのです。そして多くを学びました。わたしはディラックに尋ねました。「あのようなコメントにもかかわらず、なぜあの方程式を投げ出さずに、自分の結果を追求し続けたのですか？」。するとディラックはこういいました。

「なぜなら、あの方程式は美しいから」

今や、数学の基本言語の抜本的な再構築（ペレストロイカ）が行われています。このようなときだからこそ、数学がまとまった一つのものであるということに思いを致し、その美しさや単純さや正確さや途方もない着想を思い起こすことがひじょうに重要になるのです。

これは、ゲルファントの「適切な言語としての数学」という講演の冒頭から引いた文章である。この講演は、2003年に彼の90歳の誕生日を記念してマサチューセッツ州ケンブリッジで開かれた、数学の単一性に関する国際会議で行われた。

ヴォーン・F・R・ジョーンズ　VAUGHAN FREDERICK RANDAL JONES

カリフォルニア大学バークレー校の教授
専門：フォン・ノイマン環、幾何学的トポロジー
受賞：フィールズ賞

育ったのはニュージーランド。二人兄弟で、家族は学者の世界とはまったく無縁だった。父は少しだけ法律を学んだが、第2次大戦で学業が中断されると、再び大学に戻ることはなかった。はっきり覚えているんだが、母は数字に強く、わたしも幼い頃から計算ができるようになりたくてしかたがなかった。なにか悪さをして部屋にいなさいといわれると、部屋で九九の表を作っていたものだ。

わたしが受けた正式の教育は、ニュージーランドではごく普通のものだった。当時のニュージーランドは学校の質がひじょうに高かったんだ。そして17歳のときに、オークランド大学で数学と物理を学び始めた。これぞわが天職、と感じたのは、修士号を取得して研究を始めてからのことだ。研究にはわくわくした。講義に出るだけだった頃はかなり退屈していたんだが……。当時のわたしはどちらかというと数学の周辺領域で研究を進めていたんだが、あの頃の着想は、今わたしが行っている中心的な数学で見事に役に立っている。海外で研究するための通常の奨学金は取り損なったものの、スイス政府が助け船を出してくれた。スイスで学ぶための奨学金を出してくれたんだ。おかげでわたしの研究キャリアは救われた。しかもこの奨学金には魅力的な条件がついていた。科学を研究する前に、まずスイス・アルプスで3ヶ月間フランス語を学ぶ義務が課せられていたんだ。結局わたしはジュネーヴに6年間滞在し、その後も幾度となく彼の地を訪れている。妻と出会ったのも、アルプスでスキーをしているときだった。

わたしの博士論文が華々しいものになったのは、助言者のアンドレ・ヘフリガーやアラン・コンヌとの交流があったからだ。コンヌの仕事には、まさにぎゃふんといわされた。あの路線に何か自分も貢献しなくてはと考えて、コンヌの傑作のごく一部をマスターし、ほんの少しだけ前に進んだ。それでも、最後まで自分でやり遂げてほんとうにオリジナルな成果を上げるには、さらに1年以上かかった。たいへん幸運なことに、「部分因子環の指数定理」と呼ばれるその結果はきわめて専門的に見えるにもかかわらず、その後数年の間に実は数学や物理学のさまざまな分野といろいろな形で関係していることがわかった。たぶんもっとも大きかったのは、結び目理論への影響だと思う。

閉じたひもの二つの結び目が本質的に同じかどうかを判別するのは難しく、最初の厳密な解が生まれたのは20世紀初頭のことだった。わたしは部分因子環の指数定理から出発して、部分因子環から「多項式」を計算する方法を発見し、結び目の図からある多項式、量子場の理論や数理生物学（DNAの結び目）や量子計算などのまるで異なる分野で役立つ多項式を計算する方法を見つけた。この方程式の裏に潜む数学はわりと簡単なんだが、その意味はきわめて深く、いまだにどことなく謎めいている。どうすればこの方程式を別のより幾何学的な結び目へのアプローチとうまく結びつけられるのかは、まだわかっていない。とはいえ、さまざまな予想が立てられているんだが。

数学に没頭していないときは、どちらかというとゴルフやスカッシュやラケットボール、テニスやスキーといったスポーツをするのが好きだ。ニュージーランドでの子ども時代はラグビーやクリケットをしていたし、今でもラグビーの試合を見るのが大好きだ。もっともここ15年ほどは、主としてウィンドサーフィン、さらに最近ではカイトボーディングに熱中している。老化した関節には、カイトボーディングのほうが少しだけ負担が少ない。おもしろいことにこれらのスポーツやヨットでは、わが研究生活と絡む形でさまざまな結び目の問題に出くわしてきた。カイトに実際にロープを結びつけるときに、ブレイド組紐やその逆の観点からあれこれ考えを巡らすカイトボーダーなんて、わたしくらいのものじゃないかな。

もう一つ、わたしには音楽という趣味がある。歌うのが好きで、3人の子どもは全員音楽をやっている。音楽と数学には相通じる要素がたくさんある。わが人生のさまざまな側面には驚くべきつながりがたくさんあって、この先も何度でもあっということになりそうだ。

サタマンガラム・R・S・ヴァラダン　SATHAMANGALAM RANGAIYENGAR SRINIVASA VARADHAN

ニューヨーク大学クーラント数理科学研究所の教授
専門：確率論、応用数学
受賞：アーベル賞

わたしが小さい頃は、インドのほとんどの子どもが、医者やエンジニアや州政府ないしインド政府のエリート官僚になりたいと思っていた。わたしも、最初は医者になりたいと考えていた。ところが10歳のときに地元の医学校のカレッジ・フェアに行ったことで、急に志望が変わった。本物の人体解剖に関する展示がひどく不快だったのだ。それで、これなら大丈夫だろうと考えて、エンジニアを目指すことにした。学校の数学は、いつだってよくできた。といっても、足し算や引き算やかけ算や割り算を間違わずに素早くできる、というだけだったんだが、それでもなんとなく、エンジニアに向いているように思えた！

高校ですばらしい数学の先生に出会ったことで、数学に対するわたしの見方ががらりと変わった。その先生がわたしを含む何人かの優秀な生徒に、数学はチェスとさほど変わらないと思い込ませたのだ。わたしは3歳の頃に母に習ってからというもの、チェスが得意だった。チェスには従うべきルールがあって、具体的な目標を目指してゲームをする。なるほど、数学もチェスやパズルみたいにおもしろいものなのかもしれない！

それでもわたしには、数学の研究を一生の仕事にするというのがどういうことなのかがわからなかった。高校や大学で数学を教えることはできるだろう。学校の理学のカリキュラムでは最近発見されたことや研究成果が紹介されるのに対して、数学ではそういったことは紹介されない。大学の学部で学び始めたわたしは、統計を専攻することにした。なぜなら数学に十分近く、それでいて実業界でのキャリアを視野に入れておけるから。校長をしていた父は、ありがたいことにひじょうに心が広く、医師でもエンジニアでも役人でもない仕事をしたいというわたしを止めようとはしなかった。結局統計の大学院に進んだのだが、それでもまだ、自分が何をしようとしているのかはよくわかっていなかった。そこで運よく自分たちが何をしているのかをわかっている院生仲間に出会い、彼らのおかげで現代数学のすばらしい世界に出会うことができた。そしてわたしはその虜になった！

わたしはプロの数学者としてずっとアメリカで過ごし、そのキャリアを大いに楽しんできた。ほかの人との交流が、常に重要な着想の源だった。数学の問題に取り組むのには、複雑な構造を組み立てたりパズルを組み立てたりするのとどこか似たところがある。たいていの部品はすぐに見つかり、後は鍵となる一つか二つの部品が見つかりさえすればよい、というところまでこぎ着ける。ところがそれが、簡単には見つからない！　何ヶ月も、何年も、あるいは一生かけて最後の鍵となる部品を探し求め、ひょっとすると別の場面で誰かの話を聞いているときにひらめくなどしてその部品が見つかると、問題が解ける。そのときの満足感は、とうてい言葉で言い表せない！

マリー＝フランス・ヴィニェラ　MARIE-FRANCE VIGNERAS

ジュシュー数学研究所の教授
専門：代数的数論、ラングランズ・プログラム

わたしはセネガルで育ちました。なぜ出自に触れるのかというと、ずっと後になって「太鼓の形は聞けない」ということを証明して、賞をもらったからです。数学的には、音を聴いただけでは違いを区別できない太鼓が存在するのです。この問いは、1977年にカリフォルニアで開かれた会議で提示されたのですが、そのとき出席していたわたしは、アフリカでの夜を思い出しました。わが家の外でセネガルの人々が太鼓を叩き踊っているのにじっと耳を澄ましている自分。当時は、それらの太鼓の音からどんな楽器なのかを当てようとしたものでした。

このような幸福な偶然の一致から定理が生まれることはちょくちょくあります。着想は、ベッドに横になっているときや、講義を聴いているときや、コンサートを聴いているとき、何の心配もなく教える必要も掃除する必要もなく、まったくストレスがないときに訪れるのです。森のなかにいる自分を想像してみてください。美しい自然を楽しみ、それほど寒くはないけれど、光が次第に弱くなり、森を離れる時がやってくる。細い道を進もうとするけれど、その道はすぐに途切れてしまう。もとに戻って別の道を進んでみる。どの道も同じに見えて、あたりはさらに暗くなる。あなたは歩みを止めて、じっと立ち尽くす。待って待って待ち続けると、やがて感覚が鋭くなり、目に見えないものが見え、言葉では表せないものが感じられ、沈黙が聞こえるようになる。そのとき急に何かが起きる。一つの方向がより濃くなったり、より明るくなったり。このような強烈な瞬間を経験したかったからこそ、わたしは数学者になったのです。証明を作るには、エネルギーと集中と厳しい仕事が欠かせません。注意を払わなくてはならないのです。間違いは簡単に忍び込みます。数学者としてのわたしたちは遊びもし、夢も見ますが、ずるはしません。数学では、ずるはできない。真理はそれほどまでに重要なのです。証明をつけて問題を解くということは、それが永久に正しいからこそ心躍ることであり、やりがいがあるのです。

わたしは（まずダカールとデモンでよい先生に出会い、さらに当時としてはずば抜けたフランスの教育を受けるという）幸運に恵まれて数学者となり、シンプルな生活を送っています。年に4ヶ月間は数学を教え、そのほかの時間は数学をします。数学を教えるのも、数学をするのも大好きです。数学は、わたしの人生におけるもっとも深いものであって、わたしに強い影響を与えています。自分自身のことを、たとえば近所の人とは違うと感じても、歴史学者や作家や詩人や芸術家とはあまり違うと思っていません。

ミシェール・ヴェルニュ MICHÈLE VERGNE

フランス国立科学研究センターの名誉研究部長
専門：群の表現論、微分幾何学

　数学者としてのわたしがこれまでにしてきたことは何なのか。自分の著作の一覧を見て、昔得たいくつかの成果を論じることもできるでしょう。でも、過去にはなんの価値もない。今、何か新しいものを証明できないのなら、前にしたことは無意味なのです。だからこそわたしはこの場所で、来る日も来る日も何時間も働き、無限に遠い目標を追い求めているのです。

　わたしがしようとしているのは「理解する」こと。新しい何かを発見しようとしているのではなく、ある結果がなぜ正しいのか、その「本質的な理由」をわかろうとしているのです。「あらゆる式の母」を見つけるために、その源に立ち返る。ほかの数学者の新たな着想や結果には、いらいらします。わたしだったら、「それらすべて」がどうして正しいのか、その単純な理由を示したいと心底思ったことでしょう（少なくとも若い頃のわたしには、そういう尊大なところがありました）。

　時には、ある結果がなぜ正しいのかという「より高い理由」をうまく発見したこともあります。過去に自分が得た成果からある着想が沸き出して、目の前にひょいっと降りたち、何かしろ！とわたしに命じるのです。なぜ冪零群のプランシュレルの公式を理解するのはこんなに容易なのに、簡約群ではあんなに難しいのか。長い間、この疑問が解けずにいました。

　すると突然、内なる声がわたしに語りかけ、難しくなどない！といったのです。それからその声は命じました。「項を足して、ポアソンの公式を使え」。目に見えない主人公は舞台から消えて、すべての仕事がわたしに残される。このすばらしい奇跡のおかげで、わたしには光の橋が見え、仕事も楽でした。ほんとうに、うっとりしてしまいました。その結果は実はわたしがすでに知っている別の事実から論理を追っていったときに得られるもので、あっという間に小さな数学の欠片を「わたしの世界」に付け足すことができたのです。けれどもこの一時の満足感はすぐに消えて、わたしの洞察では説明できないより深い事例があることに気がつきました。わたしは簡約群のハリス・チャンドラのプランシュレル測度を「説明した」わけですが、では、対称な空間におけるプランシュレル測度はどうなのか。このような一般的な事例を扱おうとすると、わたしの新しい着想では歯が立たない。それを証明できない以上、自分が前に証明したことの価値はゼロなのです。

　今日、長い間考えてきたある問題を巡って、かすかな光が見えてきました。それは、「量子化は簡約化と可換である」という申し立てです。これはギルマン・スターンバーグの美しい予想で、明らかに正しいのですが、一般に成り立つという証明は困難であることが知られていました。簡単な場合については、わたしも証明することができた。さらに10年前には別の数学者が、手術という手法を用いてずっと難しい場合を証明しています。でもわたしにいわせると、切断するこの手法は醜い。この予想を自分自身のやり方で証明できたらいいのに、と思ったのです。それで、完全な証明が見つかってからも長いこと、自分自身の論をありとあらゆるやり方で再構成していました。何度も繰り返すうちに、困難が消えるかもしれない。でも、消えませんでした。この終わりのない失敗によって、わたしは傷を負いました。それでもわたしはどこに困難があるのかを正確に突き止めたいと考えていて、今日、その困難が潜んでいるであろうきわめて小さな穴が見つかったような気がするのです。これなら簡単に捕まえられそうです。そうすれば、たぶん定式化することができて、あの定理をより一般的な形で証明できるはず。実はそれにはだれか別の人の着想が必要なのですが、つい最近、ある学生のすばらしい着想を用いて、きわめてよく似た現象を説明したことがあります。この場合も、きっとあれが使えるはずです。とにかく、試してみましょう。明日になったなら。

ロバート・P・ラングランズ ROBERT PHELAN LANGLANDS

プリンストン高等研究所のヘルマン・ワイル名誉教授
専門：保型形式、群の表現論
受賞：アーベル賞

今では高等数学の技術や訓練をたっぷり必要とする職業が多数あるにもかかわらず、数学はいまだに特殊な才能および人格が不可欠な奇妙な仕事だと思われることが多い。わたし自身は常々自分のことを、ある程度孤独に耐えられる、というよりもむしろ孤独を好むことは別にして、ごく普通の性格だと思ってきた。子どもの頃は同級生より計算に強かったが、幾何学的な直感はさほどでもなく、知的なゲームやパズルに心を躍らせたことは一度もなかった。孤独を好むようになったのは、たぶん幼い頃に周りにいたのが母と妹一人（後で二人になった）くらいで、カナダの西海岸の小さな共同体で育ったからなのだろう。わたしが学齢に達すると、一家そろってもっと人口が多くて教区学校がある地域に戻ることにした。その学校の尼僧たちは、明らかに読み書きと算術の素質があるということで、わたしを1年飛び級させた。

しばらくしてそれと別の場所で、同級生がみな自分より年上だということに気がついた。2、3年上で、一生学問とは無縁そうな子が多かった。男の子は原野で木こりとして働き、時々家に帰っては、暇と金を浪費する。木こりになるにはまだ早かったが、それでもわたしは放課後に、そして毎週土曜日と夏に働くようになった。──ただし、木を切り倒したわけではない！──この習慣は、わたしが20歳になって大学院に進むまで続いた。当時は機械を使えなかったので、どんなに重いものもすべて手で運ばねばならなかった。若い頃に長い時間肉体労働をしたおかげで、わたしの身体はデスクワークばかりしてきた人より長持ちしている。そして何よりも、仕事と孤独という数学者に最良の時間をもたらす二つの条件が、早くからわたしの親しい相棒になったのだ。

大学に行こうと決めたのは、本を読むのが好きだということに改めて気づいたのと、アルベルト・アインシュタインやジグムント・フロイトやカール・マルクスやチャールズ・ダーウィンやジェイムズ・ハットンなどの思索家たちの短い伝記集──1930年代の小さな社会主義政党は、それが社会改革の決め手になると考えていた──を読んだからだった。たしかに、わたしには常に野心があり、特別な能力や技能はなくても一角の人物になりたいと考えていた。そうはいっても基本的な計算や論理的な思考の力があったのは事実で、じきに、自分が純粋にありとあらゆる種類の考えを巡らすことが大好きだということに気づいた。これらの学者や科学者の伝記は、わたしにはなじみのない意外な可能性を見せてくれた。そしてわたしは数学の、そしてもっと魅力的な物理学の冒険に乗り出すことにした。ところが時が経つにつれて、物理学者としての自分に深刻な欠陥があることがわかってきた。自然現象の数理的な説明に胸を躍らせて、その論理をきわめて慎重に調べるのはたいへんけっこうなのだが、なにしろ現象自体を正しく見る目がないので、焦点がずれる。数学でも見当外れなことは多かったが、それでも回復不可能ではなかった。

学部生の頃は、数学の基本的な技術を習得することで一杯一杯だった。イェールの博士課程に進むと、ようやく絶えず数学のことを考えるようになった。イェール大学を出てからの数年間で、自分が数学者として真似るべきモデルを3人設定した。ハリシュ＝チャンドラとアレクサンドル・グロタンディークとA. N. コルモゴロフだ。グロタンディークとコルモゴロフについては、彼らが成し遂げたことを完全に理解していたわけではなく、彼らの目標を尊敬していた。ハリシュ＝チャンドラとグロタンディークは、いずれも理論を構築するタイプだった。この二人には、奇妙なことに数学者にはきわめてまれだが無条件の尊敬を集めるある特徴があった。部分的な知見や部分的な解で満足することなく、もっとも自然で一般的な形の理論を確立するのに適した手法にこだわったのだ。これは意図してのことではなく、周りに説教をしたわけでもなく、結果としてそうなった。無限次元表現論という新たな分野を見れば、ハリシュ＝チャンドラの卓越した技量は一目瞭然だ。わたしは早くにその分野に踏み込み、己の限界を受け入れるまでのしばらくの間、およそやりがいのある数学はハリシュ＝チャンドラのレベルにあるべきだと信じていた。これに対してグロタンディークはより成熟した分野、じつに偉大な数学者たちが200年近くかけて展開してきた分野である代数幾何学の形を完全に作り替えた。グロタンディークがハリシュ＝チャンドラに通じる質の高い仕事をしてきたことがわかり敬服するようになったのは、かなり経ってからのことだ。自分自身の数学活動に内省的でより歴史的な色合いが加わったときにようやく、グロタンディークによる幾何学の再編がいかに広く深いものなのかを理解できるようになったのだ。

わたしが成し遂げたことのほとんどは、まったくの幸運のたまものだ。考えてみたがうまくいかなかった問題もたくさんある。うまくいった問題では、たまに、正直いって今では自分でもたまげるようなひらめきがあった。野心や弁解とは無縁に、世界にも無関心で、数学と二人きりでいられたときが、わたしの最良の時間だったことは間違いない。

ジャン＝ピエール・セール　JEAN-PIERRE SERRE

コレージュ・ド・フランスの名誉教授
専門：代数学、幾何学、数論、トポロジー
受賞：フィールズ賞、アーベル賞

　数学について考えるときは、目を閉じていたい。わが最良の仕事が行われたのは、夜、半分眠っている間のことだった。時には、「ああ、証明したい――あるいは反例を挙げたい――すてきな補題があるんだがなあ」と思いながらベッドに入る（補題とは何か、説明が必要だろうか？　登山家がある場所から次の場所に登るには手がかりが必要だ。補題は、いわば数学者にとってのホールドなのだ）。むろん、発表するとなると、後で文字にしなくてはならない。そのときになって、自分の考えが間違っていたことに気づいたりもするが、まあそれは、まれなことだ。

　わたしの博士論文がそのいい例で、あの論文には単純に見えてかなり強力な新しい着想が含まれていた（「ループ空間のファイバー化」を発見したのは、夜、列車に乗っていたときだった）。しかし、この基本的な着想だけでは十分でなかった。専門的な部分があって、かなり難しい補題が必要だった。それから3日間、ベッドに横になって目を閉じたときにだけ、その補題の証明を見ることができた。それからかなり明確に理解できたので、その証明を書き留め、事実上論文が完成した。

　当時わたしは数学のトポロジーという分野で仕事をしていたが、その2年後には、別のことを始めた。（博士論文の助言者であるアンリ・カルタンのお気に入りのトピック）多変数複素解析だ。しかしそれも長くは続かず、1年後には代数幾何学に、それから数論、群論に惹かれていった。というわけで、わたしはいまだにどの分野のエキスパートにもなっていない！

　ここで、わたしが過去50年に立てたいくつかの予想について話しておくべきなのだろう。予想とは何か。自分には証明できないが、たぶんほんとうだろうと思われる興味深いもの、それが予想だ。わたしもかなりの数の予想を立てたんだが、完全に間違ったものもいくつかあった。30になる前に立てたものなんだがね。年とともに、慎重になったというわけだ。なかには、たくさんの人々によって大いに研究されてきたものもあって、たとえば、ガロアコホモロジーに関する「予想I」と「予想II」がそうだ。予想Iは今では定理となっていて（予想を立てた3年後に証明された）、予想IIは45年後の今もまだ定理になっていないが、ほとんどの特殊例で正しいことが証明されている。ひょっとして、成り立たない場合があることが明らかになるんだろうか。わたし自身は常に成り立つと思っているんだが、ほんとうに望んでいるのは、真か偽か、白黒がつくことだ。

　ウェブで「セールの予想」を検索すると、今述べたのとは別の（ガロア表現に関する）予想が見つかるはずだ。70年代初頭に立て（て、80年代の半ばにさらに磨きをかけ）た予想だ。この予想の評判がとてもよいのには、二つ理由がある。フェルマーの最終定理に関係しているという（よくない）理由と、「標数 p のラングランズ・プログラム」への最初の一歩であるという（よい）理由だ。5年前ほどまでは、とうてい証明できそうになかったが、突然誰かがすばらしい着想を得て、かなりの部分を解いた。何人かの助けもあって、今ではこの予想は死んだように見える。つまり、定理になったんだ！　実際、わたしは数週間後にマルセイユで2週間にわたって開かれる会議に行く予定で、そこでこの定理の証明の骨子が説明されることになっている（細かいところまで完璧に説明するとなると、2週間でも足りない）。

　この予想を（練り上げた形で）作った時点では、自分になじみがあって、簡単に説明できるような設定で書こうと決めていた。しかし一段高いレベルでは、別のやり方をすべきだということもわかっていた。この二つのやり方はもちろん似ていたが、それでも証明もなしに同等だとはいえなかった。かくして、「物事を簡単にする」というわたしの意識的な決断と、「それは正しい道ではない」という無意識な感覚がせめぎ合うことになった。わたしはこの葛藤にとりつかれた格好で、ひどく惨めだった。なんとも恐ろしいことに、ある晩などは、自分の脳が二つに割れて相争い、際限なく回転しているような気がしたものだ。その数ヶ月後、わたしはこの二つの観点が同等でないことを示す例を見つけ、自分が選ばなかったやり方のほうが正しいということに気がついた。だがそれと同時に、ほんとうにおもしろいすべての事例においてこの二つが同等であることもわかった。おかしなことに、この「反例」を見つけたときは、信じられないくらい嬉しかった。自分の脳の二つの側が、ついに和解にこぎ着けたんだから。めでたし、めでたし。

アダビシ・アグブーラ　ADEBISI AGBOOLA

カリフォルニア大学サンタバーバラ校の教授
専門：数論、数論幾何学

　知り合いの数学者の多くとは違って、幼い頃のわたしは数学に夢中ではありませんでした。かったるくてややこしくて難しいなあ、と思っていた。学校では、ほとんどの教科に興味があって成績もよかったけれど、数学にはまったく興味がなくて。数学の知識をきちんと身につけることがいかに大切か、両親や先生たちにさんざん言い聞かされたのに、何年もの間、数学の試験といえば決まって悪い点だったんです。ごく幼かった頃のある出来事を、今もはっきり覚えています。数学が大嫌いなんだから、数学をまるで使わない仕事のことだけを考えようと心に決めて、得意そうに「木こりになる！」というと、案の定、両親はひどく懐疑的で、それじゃうまくいかないよ、といいました。だって、木の高さを測らなくてはならないからね、と。

　この状況をがらりと変えたのは、確か12歳くらいだったと思うんですが、学校の図書館で手に取った（タイム・ライフ・インターナショナルから出ていた）ライフ・サイエンス・ライブラリー・シリーズのなかの一冊でした。デビッド・バーガミニが書いた『数の世界』という本で、それまでに見たどの数学の本とも違っていました。ようするに、バビロニア文明から1960年代までの主立った数学的な概念の歴史をざっと紹介した本で、わたしはすっかり夢中になり、生まれて初めて数学は生きていると感じました。その本を読み終えたときには、自分はできるだけこの分野に時間を使いたいということがはっきりわかった。数学に魅了されて、気づけば数学を大いに楽しんでいたんです。それで数学者になろうと心を決めた。

　やがて、ケンブリッジの学部を卒業し、博士号取得を目指してそろそろ研究を始めようという頃になって、数論に興味を持ち始めたんです。わたしにすれば数学のもっとも美しい点は、たとえば、はじめはまるで無関係のように思われたいくつかの概念や着想が、実は密接に——時にはひじょうに深く神秘的なやり方で——関係していることが明らかになる点にある。数論の世界ではこのような現象がしじゅう起きていて、それがこの分野の大きな魅力の一つになっているんです。純粋数学者はある意味でごりごりの科学者よりも創造的な美術家と共通点が多いといわれているけれど、とりわけ（わたしを含む）多くの数論学者が、この申し立てに多くの真理が含まれていることに賛成するはずです。

　時々——とくに学生から——取り組むべきトピックや問題をどうやって決めるんですか、と尋ねられることがあります。この問いに正確に答えるのは難しい。数学者のなかには、特定の問題を解きたいとはっきり決意する人もいれば、何らかの分野で大きな研究プログラムを始める人もいる。でもわたしはそのどちらでもなく、ある時自分がある対象に興味を持っていることに気づき、それをもっとよく知りたいと思うことが出発点になるんです（時にはそれらの対象が、ほかの人たちはよく知っているのに、自分は知らなかった事柄であったりもします）。そこで講演会やセミナーに行って、論文を読んで、人と話し、自らに問いかけ、例をいじってみる。そうするうちに、ある事柄が別の事柄につながって、新たなアイデアが生まれる。ただし、自分が思いついたアイデアや試したことのほとんどがうまくいかない、ということも指摘しておくべきでしょう。これは、ほかの多くの数学者でもいえることのような気がします。むろんこれは、忍耐こそが数学するという過程全体の肝であって、とにかく簡単にあきらめないことがきわめて重要だ、というだけの話なんですけれどね！

マーカス・デュ・ソートイ　MARCUS DU SAUTOY

オックスフォード大学の教授
専門：数論

　授業中に、数学の先生がぼくを指さして吠えた。「デュ・ソートイ！ 授業が終わったらわたしのところに来なさい」。12歳だったわたしは、縮み上がった。何かまずいことをしたかな。ベルが鳴って授業が終わると、先生はわたしを数学棟の裏に連れ出した。「うへえ、これは困ったことになったなあ」とわたしは思った。ところがそこで先生は、「きみは、数学が実はどんなものなのかを知る必要があると思う」と切り出した。教室で習っている数学は本物の数学ではない、というんだ。そしてわたしに、G. H. ハーディの『ある数学者の弁明』をはじめとする何冊かの本を勧め、サイエンティフィック・アメリカンに載っているマーティン・ガードナーのコラムを読みなさい、といった。それはまさに啓示だった。わたしは素数の話を読み、シンメトリーの言葉についての話を読み、トポロジーの奇妙な世界についての話を読んだ。初めて証明を成し遂げて、胸を躍らせた。ハーディによると、数学者とはパターンを作る人である。そのパターンは、美しくなくてはならない。わたしにすれば、ひたすら音階やアルペジオをさらうことだけを許されて楽器を習っていたところに、誰かが初めて本物の楽曲を奏でてみせてくれたようなものだった。

　以来わたしには、自分はこの新たな数学の世界を理解し、そこで暮らし、そこで何かを作り上げたいと思っている、という自覚があった。これまで数学に取り組んできたのも、こういった子ども時代の刺激があればこそだ。わたしが研究しているのは、数論と群論の境界だ。数論では、対象となる素数などの性質を調べる。素数はまるでパターンがないようにも見える暴れん坊だ。いっぽう群論はシンメトリーの言葉で、自分たちの身の回りの物理世界と数学者たちが住みたがる高次元の世界、この二つの世界でどのようなシンメトリーが可能かを明らかにすることが、わたしの研究の目標になっている。このシンメトリーの世界をこぎ渡る際に使うのが、元来素数の秘密を解き明かすのに使われていたゼータ関数と呼ばれる数論の世界のツールだ。

　数学をするのには、ドラッグをやるのと似たところがあって、未解決の問題を解いたとき、あるいは新しい数学的概念を発見したときの熱狂を一度経験すると、一生を賭けてでも再びその感覚を味わおうとする。わたしがもっとも興奮したのは、シンメトリーの世界と魅力的な楕円関数論の世界をつなぐシンメトリーな対象を発見（というべきか創造というべきか）した瞬間だった。わたしにとって数学とは、このような興味深いつながり、数学世界のある場所から一見無関係な場所へとつながるトンネルを見つけることなんだ。

　数学者であるからには新たな数学を作り出すわけだが、同時にそれらの新しい着想をほかの人に伝えなくてはならない。わたしは、数学は大学の象牙の塔にこもっている人たちだけのものであるべきではないと強く感じている。だから、学校時代に先生がしてくれたことへのお返しとして、自分の時間を割いて、一般の人々に数学を届けようとしている。本や新聞記事やラジオやテレビを通して、自分が数学という分野の何に魅了されているのか、なぜわたしが生涯をかけて数学の問題を解こうとするのかを伝えようとしているんだ。

ピーター・C・サルナック PETER CLIVE SARNAK

プリンストン大学のユージン・ヒギンズ教授、プリンストン高等研究所の教授
専門：解析学と数論

　小学校では算数が、高校では数学がお気に入りの教科だった。一つには、楽に取り組める数少ない教科の一つだったからだ。そうはいっても当時のわたしの関心は、普通の10代の若者が興味を持ちそうにないトーナメント・チェスに向かっていて、南アフリカにおけるジュニアレベルとシニアレベルで好成績を収めていた。父は、わたし（と兄弟）が小さい頃はチェスができるようにいろいろとサポートしてくれたが、17歳のわたしがチェスのプロになろうとヨーロッパに逃げ出そうすると、その熱もすっかり冷めて、まず大学教育を受けて、それから将来を決めるよう求めた。

　ヨハネスブルグにあるウィットウォータースランド大学の数学科の人々は若くてきわめて優秀で熱意にあふれ、わたしはそこで最初の年に現代数学（と応用数学）に触れた。具体的には、カール・フリードリッヒ・ガウスやヨハン・ルジューヌ・ディリクレ、ベルンハルト・リーマンといった数学者の業績を知ったのだ。彼らの深く美しい発見に触れてみて、自分はもっと数学を学んで理解を深め、できることなら現代数学の発展に貢献したいのだと確信したわたしは、数学と関係がある講義を片っ端から取っていった。後から考えてみると、数学界の僻地で学部教育を受けることにも一つ利点があった。僻地だったからこそ、広範な数学的基礎を固めることができたのだ。

　学部を終えると、南アフリカを後にしてスタンフォードに進み、ポール・コーエンとともに研究を行った。コーエンの天才ぶりや人柄に関する噂は数学界の隅々まで鳴り響いていて、本人も噂通りの生活をしていた。とくにコーエンは、数学はまとまった一つの分野であって、過去にいかに専門化が進んできたにせよ、数学の異なる分野において効率的に仕事をすることができる、という観点をわたしにもたらしてくれた。以来今日まで、わたしはこの観点を大切にしている（そして、学生たちにも伝えている）。もっとも興味深い進展は、まさにこのような広い視野と分野間の相互作用から生まれることが多い。

　わたし自身は解析学から数論や数理物理学にわたる分野で仕事をしてきたわけだが、これらの仕事の至る所で、シンメトリーと群論の役割が繰り返しテーマになってきた。ディリクレとリーマンの業績から始まったゼータ関数や L 関数の現代的な理論は、素数や整係数の多変数 2 次方程式をはじめとするディオファントス方程式、組合せ論、理論計算機科学、算術的に定義されたある種のカオス的なハミルトニアン系の量子化などに広く応用されている。これらの応用を探し出して調べ、このタイプの基本的な問題を解くことが、わたしの仕事の大きな推進力となってきた。

　わたしは主に、ほかの人と共同で仕事をしてきた。おかげで、自分一人ではできなかったことを成し遂げられた。共同研究は、新たな分野や技法を直接マンツーマンで消化するための方法でもある。実際、ラルフ・フィリップス、イリヤ・ピアテツキー＝シャピロ、ニコラス・カッツ、ヘンリック・イヴァニエツ、アレクサンダー・ルボツキーとの共同研究で多くを学んできた。それに、共同研究にはもう一つ、心理的によい面がある。ほとんどの数学者がそうだ思うのだが、研究している間は、少なくとも95パーセントの時間をそれに割く。つまりほぼすべてが研究に埋めつくされた状態に耐えていかなければならないわけで、共同研究者がいればいらだちを、そしてかりに突破口が見つかって前進した場合はその高揚感を分かち合うことができるから、余計な波風を立てなくて済む。こういった前進の多くに、運が絡んでいる。どういうことかというと、なにかまったく別のことをしようとしている最中に、時には誤解から、ふいに前進に不可欠な洞察に出くわすのだ。

　わたしは、たくさんの優秀な博士課程の学生に恵まれてきた。傑出した学生も多く、彼らはそれぞれの分野で有名になった。彼らがわたしから学ぶのと同じくらい多くを、彼らから学んできた。わたしが研究の夢をたくさん実現できたのも、学生たちが大きな役割を果たしてくれたおかげだ。

　わが家族は、とらえどころのない数学の問題に取り組んでいる最中の浮き沈みに関係なく、常にわたしを支えてくれた。だからこそ、わたしはここまでやってこれた。すでにこの本で多くの人が述べているように、自分が楽しいと思うこと、いまだに情熱を失っていないものを生業にできて、ほんとうに幸運だと思っている。

ゲルト・ファルティングス GERD FALTINGS

マックス・プランク数学研究所の所長
専門：数論、代数幾何学
受賞：フィールズ賞

わたしは、ドイツの斜陽の重工業地帯にある炭鉱町で育った。物理学者だった父は化学工場の幹部として働いており、わたし自身は物理に関心があった。ところがしばらくすると、数学に興味が移った。なぜなら、そちらのほうがおもしろいと思ったからだ。数学の何もかもがきわめて論理的で、そこが気に入った。何かが絶対に正しいか、そうでなければ絶対に間違っている、というのがいい。

大学は、実家の近くのミュンスターだった。そこにはとてもよい先生がいて、アレクサンドル・グロタンディークの代数幾何に関する業績を学ぶよう勧められた。すでに当時ですら、なんとなく時代遅れになっていたのだが……。いまだにグロタンディークの代数幾何は抽象的すぎるとする人がいるようだが、わたし自身はそのおかげで自分のキャリア全体の確かな基礎を得ることができた。

わたしは数論の分野で仕事をしており、28歳のときにモーデル予想なるものを証明した。1924年以来、ずっと未解決だった予想だ！ おかげでそれまで無名の存在だったのが、一夜にして業界のスターになった。さらによかったのは、その証明をするなかで、おもしろい問題をたくさん見つけたことだ。わたしはそれらを「手で」解決していたんだが、より完成度の高い理論を作ると、それらはいちだんと満足がいくものになった。その数年後、ポール・ヴォイタの論文を理解しようとがんばった末に、まったく新たな理論を作り上げることになった。わたしの経験からいうと、別に戦略的な計画がなくても、おもしろい問題がありさえすれば、勝手に新たな方法が浮かんでくる。わたし自身は滅多に予想を立てない。たいていは、いくつかの場合に使えそうなアイデアがあって、それを試してみる。するとうまくいく場合がある。うまくいかないことも多く、そうなったらまたやり直す。

わたしのしている仕事は、とてもやりがいがある。なぜなら、自分が作ったものに戻っていることに気がつくから。自分自身のプロジェクトを作ってそれを終えられたら、そしてほかの人にはできなかったことを成し遂げられたなら、大いに満足だ。そうなるとその成果に自分の名前がつくわけで、これは、たいていの人が仕事で経験するよりもはるかに満足がいくことだ。わたしはひじょうに恵まれていると思う。

妻と二人の娘がいて、18歳と12歳になる。みんな数学が大好きだ。わたしはパズルが好きで、時々みんなで一緒にトランプをする。娘たちはコンピュータゲームが好きで、時にはわたしに見せて、やらせようとする。それから一家でバレエやオペラを見に行くのが、たとえ見には行けなくても、家でバレエやオペラのDVDを見るのが好きだ。

エンリコ・ボンビエリ　ENRICO BOMBIERI

プリンストン高等研究所のIBMフォン・ノイマン教授
専門：数論
受賞：フィールズ賞

　わたしはイタリア中央部、シエナの南のモンテプルチャーノで育った。丘の上の城壁に囲まれた小さな町で、多数の家、そして教会が六つか七つあった。その町で学校に通い、たくさんの友達に恵まれた。田園地帯を歩き回り、洞穴を探検し、自転車に乗り、サッカーをし、数学の本を読むのが好きだった。銀行に務めていた父は、昔から数学に関心を持っていて、家のなかには専門家でなくても読める数学の本が何冊かあった。わたしが数学に興味を持ち始めたときも、父は反対しなかった。ただ二言、「数学をしたいのなら、決してお金をたくさん稼ぐことはできないということを心得ておきなさい。それはともかく、何をするにしても自分の意思に従って、できる限りうまくやりなさい」といっただけだった。父はわたしを励まし、こういう本を見つけたいと頼めば助けてくれた。そしてわたしは15歳になる前に、数論の研究を始めていた。

　数論では、1, 2, 3, 4といった整数のことや、これらの数が互いにどう関係しているのかといったことを研究する。たとえば、かの有名なピタゴラスの三角形は辺の長さが3, 4, 5で、これによって直角が定まる。このような関係を満たす数はほかにもあって、これが数論の一つのテーマになる。ほかには、たとえば素数がある。素数の研究は難しいが、かけ算であらゆる数を作り出す際の構成要素なので、ひじょうに重要だ。数論は数学のなかでもきわめて古い分野で、古代中国やギリシャ文明にまでさかのぼることができる。常々わたしは、数論は抽象的すぎて応用に向かないと考えていたが、その考えを改めなければならなくなった。というのも、現代の数論にも通信のセキュリティの確保といった現実への重要な応用が見つかったからだ。このことから教訓が得られるとすれば、知識というものは、たとえ直接短期的な損得を目指して得られたものでなくても常にひじょうに尊いといえる、ということだろう。

　わたしはこれまでに、時にはさまざまな研究者と共同で、長らく未解決だったいくつかの問題を解いてきた。なかでもいちばん重要だったのは、たぶん素数の分布に関する発見で、この結果はほかの問題に関してもひじょうに有効であることがわかり、今も応用が見つかっている。なぜ数学者になったのかと問われることがあるんだが、その答えは簡単にいうと、心底数学が好きだったから。自分の好きなことを仕事にできているのは、ほんとうに幸運だと思う。多くの人にとって、仕事は食いぶちを稼ぐためのものでしかない。その場合は、成功だったり、より多くのお金だったり、興味深い人々との出会いといったもので埋め合わせることになる。わたしは、たとえ何があっても数学をするだろう。なぜなら、とにかく数学のことを考えるのが好きだから。

　高等研究所では、公式に定められた講義で学生を教える義務はない。受け入れるのは、博士号を取ったばかりの若いポスドクだけ。彼らにとっては、知識の地平を広げてさらに前進し、自分の論文のトピックを徹底的に掘り下げることが重要だ。それにほかのことも学ぶ必要があって、彼らを導いて独立できるように手助けすることが、わたしたちの役目となる。独立が、きわめて重要なのだ。何がおもしろいのか、何がなすに値することなのかを自分で判断できるようにならなくては。他人の助言に耳を傾けているだけではだめなのだ。誰かがわたしのところにやってきて、次に何をすべきかと尋ねたら、それは、その人物がまだ独立していないという証になる。

　よい科学は常に作り出されていくものだ。人は、物事がどのようでありうるかを思い描き、そこからさらに進んでいかねばならない。柔軟であること、先入観を持たないこと、自分がこう見えてほしいと思う姿を対象に押しつけないことが重要だ。創造的な研究には、あるアイデアに興奮してその意味を過大評価し、自分が知っている事柄にそれを当てはめようとする危険がつきものだ。わたしにいわせると、これでは、すべてを小さすぎる箱に収めようとすることになる。数学であれそのほかの科学であれ、大きな発見は、決まって確立された知識から大きく飛躍するものなのだ。それに、先人の業績からも多くを学ぶことができる。わたしたちはみな、数人の巨人の肩に乗っているといわれるが、たくさんの人々の慎ましい貢献、建築家やエンジニアではなく、科学の基礎を形作るレンガを組み立てる職人たちの貢献を拠り所としていることを、忘れてはならない。思うに、科学の強みはすべての科学者の貢献が集まったところに生まれるのであって、全体は各部分の和よりはるかに大きい。数学の、そしてまたすべての科学の前にこれからも明るい未来が開けていくことを、わたしは確信している。

ピエール・ドリーニュ VISCOUNT PIERRE DELIGNE

プリンストン高等研究所の名誉教授
専門：代数幾何学、モジュラー形式
受賞：フィールズ賞、アーベル賞

わたしはブリュッセルで生まれた。人から聞いた話によると、幼い頃に負の数の何たるかを理解しているというのでみんなをびっくりさせたという。なぜ、驚いたのだろう。摂氏目盛の温度計を思い浮かべれば、うまくイメージできるのに。幸いなことに、わたしは末っ子だった。兄が大学生だった頃は、兄の本をのぞいて3次方程式の解き方を学ぶことができた。高校でニージュ先生に出会ったのも、幸運だった。先生はわたしが数学に興味を持っていると知ると、これを読みなさいといって、とてもよい本をくれた。当時のわたしは、数学のことをただのひじょうにおもしろゲームだと思っていた。だから、遊びながら生計を立てていけると知って驚きもし、嬉しくもあった。

幾何学は正しくない図形で正しく考える技である、という金言がある。これにはわたしも賛成だが、ここはぜひ何枚かの図形としておきたい。数学の各対象についての図は1枚ではない。それらはすべて間違っているが、どのように間違っているのかはわかっている。そこから、何が正しいはずなのかが判断できる。そうやって、ある状況から別の状況に飛ぶことができるのだ。数学における喜び、それは、一見まるで共通点がない二つの対象が実は関係していたことに気づくところにある。二つの問いをつなぐ辞書を作ることができれば、それが強力なツールになる。ある観点から見れば自明なのに、別の観点から見ると驚くべき情報が得られるということがしばしばあって、わたしも幾度か、そのようなつながりを確立することができた。

数学を考える際のやり方は、じつに人さまざまだ。ひじょうに代数的で、式で考えることができて、きわめて計算が早い人がいるかと思えば、図との関係でだけ考える人もいる。とことん厳密に考えられる人もいれば、ひどく曖昧模糊としたアイデアを与えるだけの人もいる。てんでんばらばらなのはたいへんよいことだ。なぜなら、一つひとつの考え方がほかの考え方を補完するから。

物理学や生物学とは違って、数学の世界には、参加者が40人にものぼる大規模な共同作業は存在しない。わたしも共著論文をいくつかまとめてきたが、著者が4人の論文は1本だけで、その場合も、各自がばらばらなことをした。人との協力は共著論文という形も取りうるが、おしゃべりという形を取る場合もある。相手は自分にとって自明なことを話しているだけなのに、それがこちらにとっては自明でなかったりするのだ。

わたしは、食い違いや自分が理解できない点に自覚的でありたいと思っている。幸いなことに、アレクサンドル・グロタンディークからは代数幾何学に関して多くのことを学び、そのほかの人々からはモジュラー形式のことをたくさん学んだ。この二つの分野の数学者はあまり交流がないが、わたしはロバート・ランキンのモジュラー形式に関する着想を使って、代数幾何学者たちがほんとうに知りたいと思っていた事柄を証明することができた。

数学に定理しかない、というのは嘘だ。そこには数学者が哲学とか瑜伽〔究極の原理と一体化した境地〕と呼ぶ曖昧なものがある。時には、こうあるべきだという感触は得られても、正確な申し立てにはできなかったりする。ある問題を理解するには、まずその周囲のパノラマを知る必要がある。哲学によってパノラマができれば、そこに事物を配置して、ここで何かできることがあるのか、ほかのところでなら前に進めるのか、といったことがわかってくる。そうやって、物事が組み合わさっていくのだ。

パリでの学生時代、わたしは高等科学研究所（IHES）のグロタンディークのセミナーとコレージュ・ド・フランスのジャン＝ピエール・セールのセミナーに参加していた。この二つのセミナーで行われたことを理解するだけでも、まるまる1週間が必要だった。そうやって、多くを学んだ。グロタンディークは、いくつかのセミナーの記録を書き起こすようにといって、講義ノートをわたしにくれた。自分の着想に関してじつに寛大だったのだ。こちらがだらだらしていようものなら、放り出される。それでも、こちらがほんとうに興味を持って彼の気に入ることをしていれば、大いに力を貸してくれた。彼を取り囲む雰囲気を、わたしは大いに楽しんだ。主なアイデアを持っているのはグロタンディークで、目標は、理論を証明し、ある分野の数学を理解することにあった。優先権、つまり誰が発案したアイデアかということは、たいして気にしていなかった。なぜならわたしたちが取り組んでいたアイデアはグロタンディークのものであって、優先権を云々することは無意味だったから。後になって、数学のほかの分野では、誰が一番乗りするかということばかり気にして、自分のしていることを隠したりするということを知ったが、わたしはそういうのは好きでなかった。ありとあらゆるタイプの数学者がいて、なかには競争好きの数学者もいる、というだけのことなのだ。

ノーム・D・エルキーズ　NOAM D. ELKIES

ハーバード大学の教授
専門：数論

物心がついたときには、すでに数や音楽に親しんでいました。両親の記憶によると、3歳になる前から。母がピアノの先生だったおかげで、音楽はわが家の至る所にありました。でも母がいうには、わたしがほんとうに音楽に興味を持つことになったきっかけは、数でした。初心者用のピアノの本では、親指、人差し指、中指、薬指、小指に1, 2, 3, 4, 5と数が振ってあって、はじめはこれらの数が音符と完全に対応しています（なぜなら生徒の手が最初の位置から動かないからです）。さらに右手で演奏したときの「音度」（音階の1度から5度までの音）にも対応していることが多い。たとえばベートーベンの歓喜の歌は、右手が334554321123322、左手が332112345543344で、対応する数の和は常に6になっています。そしてすぐに、音楽そのものがわたしの情熱の対象になった。音楽そのものへの、数への情熱にも匹敵する情熱が生まれたのです。音楽にも（基本的な指使いだけでなく、リズムや和音学に見られる）基本的な算術のツールがあって、（パターンとか、どの弾き方が効率的かといった）より高度な数学的問題が含まれていますが、その目的はまるで違います。

幼い頃に（エンジニアの仕事をしていた）父から数学を習い、母と母方の祖母から音楽を習ったわたしは、幸運なことに子ども時代のほぼすべてにわたって、この二つの分野のすばらしいメンターや同輩に巡り会い、助けを得ることができました。これは、幼稚園から7年生まで暮らしたイスラエルでも、アメリカに戻った後のニューヨークでもいえたことです。数学に関していえば、刺激に満ちた小学校のクラスには「数学ラボ」があったし、イスラエルではユークリッド幾何学がヘブライ語で紹介されていました。ニューヨークに戻ると、わたしはサイエンティフィック・アメリカンのマーティン・ガードナーのコラムや本を読み、スライヴェサント高校の数学チームに参加しました。そしてそこから、地元や全国、さらには国際的な高校数学コンテストに参加することになりました。それだけでなくじきに、今に至る二つの主要研究テーマである数論——とくに楕円曲線——とさまざまな空間の球面充填の問題に出会うことになったのです。

高校の終わり頃には、すでに数学（国際数学オリンピックで満点を取り、未解決のエルデシュ問題の一つで成果を上げました）と音楽（ジュリアードで演奏し、作曲でBMIブロードキャスト・ミュージック社の賞をもらいました）である程度名を知られるようになっていたんですが、二兎は追えないこともはっきりしていた。わたしが数学を選んだのは、一つには、数学を生業としながら音楽を高いレベルで追い求めることはできたとしても、プロの音楽家になったが最後、数学は余暇にしかできなくなりそうだと思ったからです。

プロの数学者は、オリジナルな研究を行って、新たな数学を作り出します。わたしはすでに研究の経験を積んでいましたが、それでも長い間、最良の結果を出したと思ったら実はそれが新しい結果ではなかった、ということが続きました。決まって、ガウスが、あるいはポアソンが先を行っていたことが明らかになる。その後、100年や200年前ではなく、1世代前の定理を発見するようになって、やっと自分が進歩していると感じられるようになりました。それに、ついに数論の新たな結果を発見したときも、それができたのは、一つにはある古くからの言い伝えを知らなかったからだった。わたしは博士論文で楕円関数に関するある予想を証明したのですが、実はその予想は難攻不落と思われていたんです。なぜならその問題を攻略するための標準的な計画によると、まず一般化したリーマン予想を証明する必要があったから！　ところがそのことをまるで知らなかったわたしは、なぜ予想が正しいはずなのかをきちんと理解しようとがんばった末に、当時得られたばかりだった数論のいくつかの結果と文字通りユークリッドにまでさかのぼる着想を用いて、その予想を証明してしまったのです。

その数ヶ月後に、今度は自然数の4乗でほかの三つの数の4乗の和になっている数の最初の例を発見しました。これは、オイラーが1769年に不可能だと予想していたことです。あれから20年以上が経ち、論文を何十本も書いてきましたが、いまだにこれがわたしのもっともよく知られた結果です。数学的にはほかにももっと大きな結果を出してきましたが、4乗問題は、見事なまでに単純な申し立てときわめて難しい解法とが組み合わさった数論の問題だといえます。

そのような問題を、とくにキャリアの初期に解けたのは幸運だった。それに、生涯にわたる情熱の対象が二つあるなかで、その片方を生業にできているのも運に恵まれたからで、一つには、あの解のおかげなのです。数学でも音楽と同じように、ここに至るまでに研究と関連する文献や技法をたくさん学んできました。でも、現代のツールを使うにしても、それらが現代のツールだから使うわけではありません。なによりも、わたしを魅了し、わが人生をその分野にここまで捧げさせることになった数学の伝統的な関心事や美しさにとって役に立つからなのです。

ベネディクト・H・グロス BENEDICT H. GROSS

ハーバードカレッジの元学部長、ハーバード大学のジョージ・V・レヴァレット教授
専門：数論

　60年代のちょうどわたしが学部生だった頃には、誰もが世界を変えようとしていた。数学者に何ができたとしても、それで世界がよい場所に変わるわけではないんだろうが。大学を卒業すると、アフリカやアジアやヨーロッパを数年間旅して、数学の本を読み、音楽を奏で、すべてを整理しようとした。そして、創造的な仕事がしたいのならそれは数学だ、という結論に達して、数論を学ぶためにアメリカに戻った。

　大学院では、ジョン・テイト、ジャン＝ピエール・セール、ラウル・ボット、バリー・メイザーなどの偉大な数学者に学び、楕円曲線に関心を持った。楕円曲線とは、2変数の3次方程式のことだ。2次方程式は、数学が始まったときから研究されてきた。たとえば$x^2+y^2=1$という円の方程式。いっぽうフェルマーやオイラーが研究したのは、有名な$x^3+y^3=1$という楕円曲線だ。楕円曲線には2変数のほかの方程式より豊かな構造があって、たとえば既知の解から新たな解を作る方法もある。それでいて、$y^2=x^3+(1063)^2 x$のような単純な方程式が無限の有理解を持っていたりする。この方程式のゼロでない最小の解は、分母も分子も100桁以上の分数だ。

　大学院に進んだわたしは、そこでドン・ザギエと知り合った。ほぼ同い年のザギエは、すでに定評ある数学者だった。数年後、わたしは有理係数のある種の楕円曲線が無限個の解を持つことを、実際には解を一つも書かずに示すというアイデアを携えて、メリーランドのザギエのもとを訪ねた。このアプローチのためには、主として代数と幾何のものである楕円曲線のテーマと、主として解析のものであるモジュラー形式のテーマの間に橋を渡す必要があった。わたしはその川の片方の岸から出発し、ザギエはもう片方の岸から出発することにして、わたしが概略を書き出し、二人で予備的な計算を始めた。

　滞在期間が終わろうかという頃、わたしたちはそろって徹夜で積分を計算したり、いくつかの現実的でない仮定を置いてみたりしていた。そして長い時間をかけて、収束しない無限和がたくさん含まれる1本の式にたどり着いた。その式には、ほんとうに意味をなす項が一つだけ含まれていた。この項は何を表しているのかな、とザギエに尋ねられて、わたしは、ひょっとすると特異なj-不変量を素数の冪で割ったものかもしれない、といった。そんなことは、とうていありえそうになかった。なぜなら自分たちがやってきたことは、j-不変量とはまるで無関係だったから。たぶんわたしたちは、完全に迷子になったのだろう。すでに朝の4時だったので、わたしは、明日図書館に行ってみようといった。あそこには不変量の表があるから、それを見てみればいい。そしてわたしはベッドに入った。

　ところがザギエは徹夜で、手持ちの小型コンピュータを使って次々にj-不変量を計算し、どの場合にもわたしの予想が正しいことを確認していった。昼頃になってわたしが起きたときには、ザギエはぐっすり眠っていた。居間の床はザギエの計算で埋め尽くされていて、どの紙も、あの予想が正しいことを裏付けていた。わたしが最後の1枚にたどり着くと、そこには「すぐに起こしてくれ！」と書かれていた。

　あれはまさに、わが数学人生の頂点だった。最終的な式を作れるかどうかも定かでなかったが、それでも出だしは上々で、二人とも、自分たちがまったく新たな領域に取り組んでいることに気づいていた。その分野は、混み合っていなかった。誰もこっちを見ていないのだから、慌てなくてよい。数ヶ月が経ち、ついに各自の計算——ザギエはL関数の微分の値を求め、わたしは解の高さを計算した——が終わり、たくさんの複雑な項を注意深く見ていくと、それらは完全に一致していた。こうして、今ではグロス・ザギエの公式と呼ばれているシンプルな等式が生まれた。なぜこの式が成り立つのか、ほんとうのところはまだ誰にも説明できていない。それでも、アンリ・ダルモンやスティーヴ・クドラやショウ＝ウー・ジャン（張寿武）が、その一般化に向けて前進している。

　数学の真理を発見すると、そのとたんにすべてが明らかになる。理解するのは容易だが、それに触れたいとは思わない。数学の美は、見守るだけで嬉しいものなのだ。

ドン・ザギエ DON ZAGIER

コレージュ・ド・フランスの教授、マックス・プランク数学研究所の所長
専門：数論

30歳までは、毎年のように引っ越しをしていた。だから根っこがなく、不安定だ。ある意味、どこの出身でもない。育ったのはアメリカだが、もうずいぶん長いことヨーロッパで暮らしているので、もはやアメリカ人らしいアメリカ人ではないだろう。

子どもの頃のわたしは変わっていた。9歳まではほとんど人と話さず、友達もおらず、自分でもあの頃のことはまるで覚えていない。どうやら知恵遅れだと思われていたようなのだが、学校の臨床心理士が3時間がかりで検査してくれたおかげで救われた。平均以上の知性があることが明らかになって、学校は、その気があるのなら飛び級してもよいといった。両親は、自分で決めなさいといった。自分の人生について自分で何かを決めたのは、あれが最初だったと思う。わたしは1年飛び級し、さらに1年、また1年、続いて1年、そうやって結局13歳で高校を卒業した。イギリスで1年過ごした後にマサチューセッツ工科大学の学部に入り、5年間のプログラムを2年で終えて、16歳のときに二つ学士号を取って卒業した。博士論文を完成させたのは19のときで、14歳の誕生日以降、両親とは暮らしていない。

最初の頃のわたしの数学教育についていうと、運がよくもあり、悪くもあった。運がよかったのは、父が数学好きで、わたしに数学への愛を吹き込んでくれたからだ。一緒に森を散歩していると、ふと立ち止まってピタゴラスの定理を教えてくれて、その定理が自然のどこにあるのかを示してくれた。数学を高く評価していた父にすれば、わたしが数学に魅了されることが大事だったのだろう。わたしが数学者になると決めたのは、11歳のときだった。すばらしい女の先生に出会い、その先生に、プロの数学者になりたいのなら、授業で特別なルールを適用してあげる、といわれた。授業中に数学の本を読んだりほかの問題を解いたりしてもかまいません。ただし、試験では満点を取らない限り0点になりますよ。この条件を受け入れてもいいし、受け入れなくてもかまいませんが、どうしますか、と尋ねられて、もちろんわたしは受け入れることにした。これはたいへんよい訓練になった。なぜなら決まり切った計算でも素早く慎重に習うようになったからで、この習慣は、後になって大いに役立った。とはいえ、こんなに早くから数学を始めたのは不運だったともいえる。わたしはカリフォルニアの中規模の町の高校に通い、次々に数学の本をむさぼり読んでいたのだが、助言をもらえる本物の数学者は皆無で、自分で選んだのがひどく古くさい本――応用数学の本であることが多かった――だったので、後で「現代」数学を理解することが難しくなったのだ。本物の先生といえる人物に初めて出会ったのは、大学院の3年のときだった。わたしはそのフリードリッヒ・ヒルツェブルフという先生を通じて、本物の数学者らしい考え方を身につけ始めた。こればかりは独学では無理で、師から学ぶ必要がある。

わたしはいまだ現代的な数学者ではなく、きわめて抽象的なアイデアは不自然に感じてしまう。むろんそういうアイデアを料理する術を身につけてはきたものの、ほんとうの意味で内面化できたわけではなく、相変わらず具象的な数学者のままなんだ。好きなのは、実際に操作できる明確な式。そういう式には独自の美しさがある気がする。深みは、あるかもしれないし、ないかもしれない。たとえば、ある数列があって、どの項を取っても1を足すとその左右の数の積になるとすると、実はこの数列は5項ごとの繰り返しになっている！ 今かりに3, 4から始めると、3, 4, 5/3, 2/3, 1, 3, 4, 5/3,……というふうに続いていくんだ。数学者と数学者でない人との違いは、こういう事実を発見できるかどうかだけでなく、こういう事実があるということが気になり、なぜそうなるのか、それがどういう意味を持つのか、数学のほかの何と関係しているのかを知りたいと思うかどうかにある。今の例でいうと、この申し立て自体が、双曲幾何学、代数的K理論、量子力学のシュレディンガー方程式、量子場理論のある種のモデルといった、高等数学のさまざまな深遠なトピックと結びつくことがわかっている。わたしが圧倒的に美しいと感じるのは、このようなきわめて初歩的な数学ときわめて深い数学との結びつきなんだ。数学者のなかには、式や特別な例などにはあまり興味がなく、その下に潜む深い理由を理解することだけに関心を持つ人もいる。むろんそれは最終目標なんだが、例のおかげで個別の問題を巡る物事が違った形で見えてくることもあるわけで、いずれにしても、異なるアプローチがあって異なるタイプの数学者がいることはよいことだ。

数学は決して機械的な手順ではなく、創造的なものだ。そして、きわめて個人的でもある。時には、結果として得られた申し立てを見ただけで、どの数学者の仕事なのかが推測できたりする。ある意味で、わたしたちが発見するか否かにかかわらず、数学はすでにそこに正しいものとして存在する。真の数学世界があって、その世界は92個の元素、あるいは16個の素粒子からなる物理世界よりはるかに広いんだ。誰かがある結果を見つけたとしても、それは発見した人のものではない。なぜならそれは、すでに正しかったのだから。それでも、その事実を発見したり証明したりするときの選択のし方に、その人の個性が表れる。チェスにも似たところがあって、誰がやっても各駒の動かし方は同じはずなのに、初心者と熟練者ではゲームを進める際の動きの選び方がまるで違う。ただし、チェスでは各段階で可能な動きが20個ほどなのに対して、数学では無限の動きが可能なのだが……。数学者は生涯不思議に驚嘆し続け、人生は永遠の感嘆の気持ちに満ちていて、決して退屈することがない。

バリー・メイザー　BARRY MAZUR

ハーバード大学のゲルハルド・ゲイド全学教授
専門：幾何学的トポロジー、数論

　わたしたち人類は長い間——何千年にもわたって問答を続けてきた。愛のことを、死のことを、自分たちの生活をどう物語るか、ほとんど想像できないものをどのようにして思い描くのか、互いにどのように振る舞ってきたのか、互いにどのように振る舞うべきなのか、そしてこれらすべてについてどう考えるべきかを語り合ってきたのだ。

　わたしたちの思考法の裏に一つの優れた構造、気分や状況や文化を超えた明確な表現が存在していることもまた、生がもたらす偉大な贈り物だ。この構造にもっとも近くまで迫れる思考様式、それが数学なのだ。だからこそ数学について考えることは、きわめて特異な経験でありながら、広く人間的な営みでもある。

　数学における現時点でのわたしの関心は、数——1, 2, 3,……といった数——と関係している。みなさんは、すでにここで疑問を持たれるかもしれない。人類全体としては世界に関してかくも膨大な事柄を理解しているというのに、1, 2, 3,……といった明快なものについて、いまだに理解されていない問題があるんだろうか、と。

　「存在する」というのが、その答えだ。実はそれは難問で、どこかほかの場所、ほかの惑星で暮らす人類とは別の知性なら、ちょうどわたしたちが自分の家の台所のことを知っているのと同じくらい完璧に数を理解しているかもしれない。けれどもわたしたちは、現時点でさまざまなすばらしい知識をもっているにもかかわらず、そのとば口に立った程度なのだ。なにしろ1, 2, 3……といった数を把握するためにこれまで成し遂げてきたことですら、自分たちの直感、幾何学の複雑な細部や多次元の空間、連続的な現象を扱う際の解析の威力、深遠な確率や偶然の法則に関する直感を猛烈な勢いで拡張し、徹底的に活用して初めて可能になったのだから。これは大きな謎であり、偉大なる栄光でもある。

　わたしが数学の世界に足を踏み入れたのは、たぶん当時の多くの若者がそうだったように、アマチュア（それも大アマチュアの）無線家で、自分には理解不可能な——ように思われた——電波の威力にまごついて、電磁波や重力に思いを巡らすようになったからだ。この二つは、遠くからの作用で手品を行い、摩訶不思議な物理現象を引き起こす。わたしは、重力や電磁波を引き起こすものにはあまり関心がなく（もしあったなら、物理学を目指したことだろう）、遠くからの作用の問題や、決して近接的ではない全体的なものとしてのみ理解できる現象を、一体全体どうすれば式で表せるのか、というところに興味を持った。トポロジーの分野、わたしはまずこの分野に取り組んだのだが、そこにはこれに適した言語があり、研究対象である空間や近くを見ただけではとらえられない現象を、広い見地から強力な形で扱うことができる。

　数学という活動もまた、「広い見地」から理解するのがいちばんよい。数学には自然な境界はなく、わたし自身はトポロジー、さらに広くいえば、幾何学のさまざまな側面から研究を始めたわけだが、これらの分野で成し遂げられた事柄は、大きく展開させることが可能だ。トポロジーで得られた直感を、1, 2, 3,……に関する問題に持ち込むことができる。実際、数に関するある種の問題を効果的に理解するには幾何学的な直感を経るしかなく、多くの数学者が、そしてわたしも、目下喜んでそうしている。

アンドリュー・J・ワイルズ　SIR ANDREW JOHN WILES

プリンストン大学のユージン・ヒギンズ教授
専門：数論
受賞：国際数学連合銀の盾、アーベル賞

　10歳のときに、その当時はイギリスの美しい大学町ケンブリッジに住んでいたのだが、地元の図書館の本をめくっていて、幸運なことにある問題に出くわした。カバーには、たぶんもっとも有名な数学の問題であろう、と書かれていた。少なくとも当時のわたしのようなアマチュアにとってもっとも有名な問題だったことは確かだ。それはフェルマーの最終定理と呼ばれる問題で、二つの平方の和として表せる整数の平方はたくさんあるのに、冪が3以上になると同じ冪の二つの和としては表せないことを示せ、というものだった。有名な数学者だったフェルマーは、持っていた古代ギリシャの数学の本の余白にこの申し立てを記し、「実はこの定理のすばらしい証明を思いついたのだが、この余白は狭すぎて書ききれない」と書き留めた。以来数学者たちは、この申し立てを証明しようと悪戦苦闘を続けたものの、すべて無駄に終わっていた。こうしてその証明を見つけることは、子ども時代のわたしの夢になった。

　わたしは長い時間をかけて、この問題を解こうとした。フェルマーが証明を発見していたのなら、きっと自分もその方法に手が届くはずだ。オックスフォードの学部生だった頃も、断続的にフェルマーの問題を考えていた。しかし大学院で数論を専攻し始める頃には、フェルマーの主張はほぼ確実に間違っていて、彼のやり方ではうまくいかないと得心していた。そこでフェルマーの式に取り組むのはやめにして、プロの数学者としてのキャリア作りを開始した。楕円曲線に関する問題に取り組んだのだ。楕円曲線の問題のなかには千年の歴史を持つものもあって、近代の楕円曲線の研究はたしかにフェルマーに始まるのだが、わたしたちが用いる手法の基盤となっているのは19世紀末から20世紀の数学だった。

　やがて1985年にドイツの数学者ゲルハルト・フライが、フェルマーの問題へのまったく新たなアプローチを提案した。さらにその1年後に、ジャン=ピエール・セールやケネス・リベットの仕事を受けて、フェルマーの最終定理の解決が現代数学の発展と切っても切れない形で結びつけられることになった。まったく新たなアプローチが可能になったのだ。こうしてわたしは、今度は楕円曲線論とモジュラー形式を使ってこの問題に取り組む新たなチャンスを得たのだった。この挑戦の魅力にはとうていあらがえず、それから8年間、わたしは来る日も来る日もこの問題のことを考え続けた。それらは極度の集中の日々であり、これまでに行われてきたことのなかに鍵になりそうなものがないかどうかを探り、アイデアが形をなすまで何度も試してみた。それはまた、じつにいらだたしい日々でもあって、それでも時折スリリングな知見が得られることがあり、そうすると自分が正しい道を進んでいると感じられて勇気づけられるのだった。そんなこんなで5年が経ち、わたしはきわめて深遠な事実を発見した。フェルマーの問題を、ハーバードおよびプリンストンの初年度に研究していたタイプの問題に帰着することができたのだ。ちなみにわたしは1982年にプリンストンに移り、以来ここで仕事をしている。

　続く2年の間、わたしはこの証明を完成させるべく、必死に働いた。そして1993年5月に、完成したと判断した。そこで、自分の取り組みの成果をケンブリッジの会議で発表した。その夏の終わりにある問題を指摘されて、証明の一部が間違っていることがわかったので、その部分をクリアする別の方法を探すことになった。同僚のニコラス・カッツとわたしのところの元学生リチャード・テイラーの助けを借りてその問題に取り組み、1994年9月にようやく改善策を見つけた。ここで、この苦闘の浮き沈みや興奮と失望、そしてついに最後の難点を解決して最終的に証明に成功した1994年9月の出来事について語るつもりはない。ただ、子ども時代の夢をかなえるのはじつにすばらしい気分だということはいっておきたい。そのような特権を享受できるのはたぶんごくわずかな人に限られていて、わたしは運よくその仲間に入ることができた。

　自分の推論を修正するために費やした1年は、決して楽なものではなかった。幸いわたしは1988年に妻ナーダと結婚し、ケンブリッジの会議が開かれる頃には娘が二人いた。3人目が生まれたのは1994年の5月で、最終的な解決に間に合った。家族の支えと求めなくして、あの時期を乗り切れたとは思えない。起きているときは常にあの問題のことを考えずにいられなかったが、幸いなことに、娘たちが見事にわたしの気を散らしてくれて、おかげで自分の生活のバランスをある程度保つことができた。フェルマーの最終定理の証明は、フェルマーが最初に問題を書いた約350年後の1995年の5月に、アナルズ・オブ・マセマティクスに発表された。

　数学は何千年もの間、人類によって研究されてきた。支配者たちが現れては消え、国ができては消え、帝国ができては消えた。しかしそれらすべてを通して、さらには戦争や疫病や飢餓を乗り越えて、数学は続いた。数学は、人間の生活にはまれな不変なものの一つなのだ。古代ギリシャや中国の古代王朝の数学は、今もかつてと同じように正しい。数学はこれからも続くだろう。現在まだ解決されていない問題は、明日の世界で解かれるだろう。わたし自身がこの長く魅力的な物語の一部になれたのは、きわめて幸運なことだと思っている。

マンジュル・バルガヴァ　MANJUL BHARGAVA

プリンストン大学の教授
専門：代数学、数論
受賞：フィールズ賞

わたしはいつだって数学が大好きでした。子どもの頃は形が好きでしたし、数が好きでした。数学にまつわるいちばん古い記憶は8歳頃のものだと思うのですが、それによると、わたしは（家族のジュースにするはずだった）オレンジを積み上げて、大きなピラミッドを作った。1辺にオレンジが n 個並んでいる三角ピラミッドを作るのに、いったいいくつオレンジが必要なのかが知りたかったのです。そしてさんざん考えたあげく、ついにその答えが $n(n+1)(n+2)/6$ 個であることを突き止めた。じつに楽しくて胸躍る瞬間でした！　どんな大きさのピラミッドであろうと、オレンジがいくつ必要か正確に予測できると思うと、もう嬉しくてしかたがなかった。

子ども時代のわたしにもっとも大きな影響を及ぼしたのは、サンスクリットと古代インド史の高名な学者だった祖父と、数学者でありながら音楽や言語にも強い関心を持っていた母でした。その結果、わたしもまた言語や文学、とりわけサンスクリットの詩と古典インド音楽に深い興味を持つようになりました。そして、シタール、ギター、バイオリン、キーボードなど、さまざまな楽器を習いました。でもいつだっていちばん楽しかったのは、打楽器でした！　お気に入りは、タブラと呼ばれる1組の太鼓。子どもの頃に習い始め、今も演奏を続けており、暇さえあればタブラを叩いています。

わたしはずっと、音楽と詩と数学、この三つのテーマはひじょうによく似ていると感じていました。これはほぼすべての純粋数学者についていえることだと思います。学校では、数学は広く理学に分類されます。でも数学者にとっての数学は、音楽や詩や絵画のような創造的な芸術なのです。これらの芸術には、ある種の創造の炎がつきもの、というよりも、必要です。どの芸術も、ごく普通の日常の言葉では表現できない真理を表現しようと努力します。そして、美を求めて苦闘するのです。

音楽ならびに詩と数学との関係は、抽象的なものだけではありません。子ども時代に祖父から教わったのですが、はるか昔に、自分のことを数学者ではなく詩人（あるいは言語学者）だと思っていた学者たちが信じられないような数学を発見しました。パーニニ、ピンガラ、ヘーマチャンドラ、ナーラーヤナなどの言語学者たちが、詩を研究するうちに、深遠ですばらしい数学の概念を発見したのです。祖父から彼らの話を聞いたわたしは、大いに励まされました。

ここで、数学者としてまた打楽器奏者としてのわたしをとくに魅了してきた、一つの例を紹介しましょう。サンスクリットの詩のリズムには、長と短の2種類の音節があります。長音節は2拍続き、単音節は1拍続くのですが、古代の詩人はごく自然に、たとえばちょうど8拍の場合、長音節と単音節を使って何種類のリズムを作れるのかを考えました（長、長、長、長とか、短、短、短、長、長、短といったリズムを作ることができます）。

答えは、紀元前500年頃にピンガラがまとめた『チャンダハスートラ』という古典に載っています。それはじつにエレガントな解で、まず最初に1と2という数を書き、その次の数は前の二つを足したものにするというやり方で数の列を作っていきます。これにより、1, 2, 3, 5, 8, 13, 21, 34, 55, 89……という列が得られ、その n 個目の数が、長音節と単音節からなる長さが計 n 拍のリズムの総数になるのです。つまり8拍なら、全部で34種類のリズムがあるわけです。

これらの数は、11世紀に最初にその作り方を証明した人物にちなんで、ヘマチャンドラ数と呼ばれています。西洋ではフィボナッチ数とも呼ばれていますが、これは、12世紀に著作でこの数列を紹介したイタリア人数学者にちなんでのことです。この数列に含まれる数は今や数学のさまざまな分野で重要な役割を果たしており、植物学や生物学にも顔を出しています。たとえばデイジーの花弁の数は常にヘマチャンドラ数になっていますし、松ぼっくりの渦の数も（今では数学者にもその理由がわかっているのですが）ヘマチャンドラ数になっているのです！

この話は、成長していくわたしを大いに元気づけてくれました。なぜなら、ごく単純な概念が偏在する何か深くて重要なものに展開していく見事な例だったから。ある意味で、今もわたしはこのタイプの数学に鼓舞されており、数論の研究を行う場合は、常にこのような数学を目指しています。これは、すべての数学者にいえることだと思うのです。単純な問いや概念を見つけ、そこから予想外の未知の領域へと向かう、そうやって深く優美な永遠の数学へと至るのです。

ジョン・T・テイト JOHN T. TATE

テキサス大学オースティン校のシッド・W・リチャードソン財団指導教授、ハーバード大学の名誉教授
専門：代数的数論
受賞：アーベル賞

わたしは一人っ子で、ミネアポリスで育った。父はミネソタ大学の実験物理学者で、母は古典の素養があり、わたしが生まれるまでは、高校で英語の教師をしていた。父はH. E. デュードニーの論理と数学のパズル本を何冊か持っていて、わたしはそれに夢中になった。幼かったわたしに解けるパズルはほとんどなかったが、パズルのことを考えるのが好きだった。

ここで、父への感謝の気持ちを表しておきたい。決して押しつけることなく、それでいて折に触れ、たとえば物体が x 秒の間に落ちる距離が x^2 に比例するという事実や、平面の点を座標を使って記述する方法や、曲線を方程式で記述する方法といった基本的で簡単な考え方を説明してくれた。まだ幼いわたしに、科学に関するひじょうに優れた一般的な考え方を伝えてくれたのだ。わたしは数学と理科が好きだったが、計算がとくによくできたわけではなく、なかでも長い割り算の練習問題は大嫌いだった。

高校生のときに、E. T. ベルの『数学をつくった人びと』を読んだ。章ごとに、偉大な数学者の人生と業績が短くまとめられている。わたしはこの本で、平方剰余の相互法則や、等差数列に関するディリクレの素数定理といったすばらしい事柄を学んだ。これをどうやって証明するのだろう、と思いを巡らせることもあったが、もちろん無駄だった。わたしはいつだって、人がしたことを読むよりも、自分で考えることのほうが好きだった。パズルの本を読んでいた子ども時代から、すでに本の後ろに載っている答えを見るのがいやだったのだ。後ろを見たほうが、ずっと多くのことを学べたのかもしれないのだが……。自分でやりたいというこの極端な欲求は、わたしにとって一つの強みだったが、それにしても、それを補うくらいの、ほかの人々の業績への強い関心や人の成果を読む力があればよかったのにと思う。何事も、バランスが肝要だ。

ベルの本でアルキメデスやフェルマーやニュートンやガウスやガロアなどのことを知ったわたしは、天才でない人間が数学者になってもしかたがない、と思った。自分が天才でないことはわかっていた。でも物理なら話は別だろう。だって父は物理学者なのだから。というわけで、プリンストンの大学院に進んだ時点では、物理を専攻していた。ところが初年度に、数学こそがわが意中の分野であり、わたしの才能も数学向きであることが明らかになった。そして、専攻を数学に切り替えることが許されたのだった。

とにかく、プリンストンは数学の大学院生にとって最高の場所だったのだが、さらにわたしにとって幸運だったのは、エミール・アルティンがいたことだ。アルティンのことはそれまで聞いたことがなかったのだが、自分がもっとも関心を持っていた平方剰余の相互法則の究極の一般化を証明した人物だと知って、まさにびっくり仰天だった。しかも、わたしがいちばん楽しく読んだ数学の本、B. L. ファン・デル・ヴェルデンの『現代代数学』は、アルティンとエミー・ネーターの講義に基づく著作だった。アルティンは偉大な数学者であるのみならず、教えることが大好きだった。彼はわたしのメンターとなり、博士論文の指導教官となった。

わたしは主に数論と代数幾何学を研究してきた。現代のコンピュータの進歩によって、この二つの分野が公開鍵暗号の裏に潜む数学として、また現代の商取引の基盤である電子通信の暗号化手法として実用面でひじょうに重要になってきているのは事実だ。しかし学生時代には、さらにいえばこれまでの人生のほぼすべてにおいて、こんなことになるとは夢にも思わなかった。わたしがこれらの分野を愛する理由は、これらの分野が何百年も研究されてきた理由とまったく同じだ。つまり、この分野に固有のおもしろいことがあって、これまでにも深く美しい関係が発見されてきており、新たな関係を見つけて証明することにひじょうにやりがいがあるからこそ、愛してやまないのだ。これらの分野は絡み合ったパズルからなる魔法の本のようで、一つのパズルを解くと、それによって別のパズルが載っている新たなページが開かれる。しかも、巻末には解答がついていない。この本を発見したのは古代ギリシャ人で、そのもっとも古いパズル、たとえば2, 3, 5, 7, 11……という素数の列はなぜ終わらないといえるのか、あるいは $\sqrt{2}$ はなぜ有理数でないといえるのか、といった問いに対する彼らの解はユークリッドによって記録されている。今ではわたしたちはユークリッドのはるか先まで進んでいて、数学者でない人たちに向かって自分たちが見つけた解や解こうとしているパズルを記述することはほぼ不可能になっている。数学が奥義を授かった者たちのための芸術であるというのは、じつにいらだたしいことだ。音楽や絵画と違って、専門家としての知識なしに数学の真価をポピュラーレベルで理解したり楽しんだりするのは難しい。

数学自体は冷徹な分野で、人格や個性はいっさいなく、人々の日々の生活や感情ともまるで関係がない。数学者のキャリアにおける温もりは、同僚や学生とのやりとり、アイデアの共有や世界規模のコミュニティーの一員であるという感じからくるのだ。たくさんの数学の友達と親交を結び、彼らからさまざまなことを学べたことを、心からありがたく思っている。

ニコラス・M・カッツ　NICHOLAS MICHAEL KATZ

プリンストン大学の教授
専門：数論、代数幾何学

　自分について語るのはなんとなく落ち着かないものだが、25年ほど前にインタビューを受けたことがあって、のちにその内容が、音楽や美術やスポーツや数学や科学で成功した人々を取り上げた『若者の才能を伸ばす』という本に収録されたので、そのなかの自分の言葉を引用しながら、少し注釈を加えていこう。実は、最初の引用は、「子どもに圧力をかけて、親の期待に添うように形を整えることには強く反対します」という母の言葉だった。これは、今では笑うしかない。なぜなら母は、実際にはわたしをなんとしても父と同じ医者にしようとしていたからだ（父はわたしが2歳のときに亡くなり、母は再婚しなかった）。わたしはこの運命を逃れようと、大学の学部では生物の講座をいっさい取らず、そのため母とひじょうに激しいけんかをすることになった。そしてついに実家を出て、大学の残りの3年間を（母方の）祖父母の家で過ごすことになった。

　わたしは言葉を発し始めたのがわりと遅く、字を読むのが苦手だった。「この子がこんなに聡明そうでなければ、きっと心配していたと思います。ほんとうに遅かったので。24ヶ月になるまでは、きちんとした文を口にしませんでした」と母は述べている。学校で字を読めるようになるまでにも、かなりの苦労があった。わたしが私立学校を早くにやめることになったのも一つにはこのせいで、進歩主義的な学校の先生たちには、生徒が授業の内容などをわかっているかどうか見極められなかったらしい。何にせよ、母は1年生の終わりに、わたしがまだ文字を読めないということに気がついた。実のところ、わたしは文字が怖かったのだ。2年生でたまたまひじょうに熱心で思いやりのある教師に出会い、その先生のおかげで、字を読むことへの積もり積もった恐怖を克服することができた。以来わたしはかなりの読書家として、主にフィクションを読んでいる。

　3年生のときには、授業で習う1週間前に、ある友達とともに分数のかけ算と割り算のやり方を突き止めた。あと覚えているのは、5年生のときに百科事典を見て、平方根を求めるアルゴリズムを習得したことだ。当時の同級生のなかに、平方根の求め方を知っている子はたぶんあと一人しかいなかったはずだ。それでもわたしは自分が特別だとは思わず、自分が考えていることをわかってくれる人が誰かほかにもいればいいのに、と考えていた。さらに2、3回、ほかの人に先んじて何かを知った覚えがあるが、わたしとしては、自分がすべきだとされていることをしていれば、それで満足だった。平面幾何学は、ある意味高校で習う唯一の純粋数学だが、とくによくできたわけでもなかった。不得意ではなかったが夢中でもなく、たとえば高校のときに自力ですべての定理を発見した数学者が知り合いにいるが、わたし自身は何も発見しなかった。ただし、成績はよかった。

　わたしが数学を始めることになった理由、それはジョンズ・ホプキンス大学のダン・モストウという人物だった。彼とその二人の同僚、ジャン＝ピエール・マイヤーとジョー・サンプソンは、数学の標準とされる教え方は順序がむちゃくちゃだ！という結論に達した。みんなに本物の数学を教えることはできるし、そうすべきだ。というわけで、3人の改革者はすばらしい熱意をもって管理職を説き伏せ、全員を新たな講座に移行させた。そこでは、本物の数学が教えられるはずだった。これからたいへんよいことをする、と聞かされていた。その講座を取ったわたしは、なんてすばらしいんだ！と思った。自分が少なくともジョンズ・ホプキンスのほかのみんな並に優れていることは、わたしにとって、みんなにとっても明らかだった。数学がほんとうによくできる人も、何人かいた。当時大学院生だったケネス・アイルランドは、ひじょうにカリスマ性があって有望な人物だった。わたしは3年生でバーナード・ドワークの講座を取り、さらに翌年院生向けの講座を取ると、この人と一緒に仕事がしたいと考えた。ドワークは、ジョンズ・ホプキンスを去ってプリンストンに移る際に、わたしを大学院生として連れていった。ダン・モストウとケネス・アイルランドとバーナード・ドワーク、この3人は、学生時代のわたしの自己形成に大きな影響を及ぼした。

　この場合に運が果たした一見信じられないような役割を、大いに強調しておく必要がある。適切なときに適切な教授に出会えて、数学の新たな問題が人に知られ始めたときにそこに居合わせて興味深い問題に触れることができたのは、ほんとうに幸運だった。どこからどう見ても自分よりはるかに切れてIQが高い数学者が大勢いることはよくわかっている。彼らはわたしより学ぶのが早く、問いに答えるのが早い。わたしが彼らよりはるかによい数学者であるとしたら、それははるかによい数学をしたからで、それは、主によい時によい場所にいられたかどうかという運の問題なのだ。数学がかなりよくできる必要はあるんだが、数学に優れた人がつまらない数学に興味を持つ人々のそばにいると、つまらない数学がよくできるようになる。

これらの引用の一部は、*Developing Talent in Young People*〔若者の才能を伸ばす〕, Benjamin S. Bloom, 1985 に載っている。

ケネス・リベット　KENNETH RIBET

カリフォルニア大学バークレー校の教授
専門：代数的数論、代数幾何学

わたしの父は公認会計士だった。計算機とスプレッドシートの時代が来るまでは、よくダイニングテーブルに向かって何時間も、延々と続く数字の列を加えていたものだ。父はまだ幼かったわたしに（繰り上がりのある）足し算を教えてくれた。それからすぐに、引き算や分数や十進法の秘密を教わった。たぶんそれもあって、幼いわたしは数に夢中になったのだろう。とにかくわたしにすれば、学校で習うはるか前に計算ができるようになったことが嬉しくてしかたなかった。少し大きくなると、両親の大学の教科書の横にあった書評用の数学の本に何時間も読みふけった。そこに出ている概念を学ぼうと四苦八苦して、章が終わるごとに大きな達成感を味わった。

高校時代は一貫して、数学がいちばんよくできるお気に入りの教科だった。7年のときに数学チームに入り、最上級でチームのキャプテンになった。パズルや問題は好きだったが、だからといって本物の達人というわけではなかった。学年が一つ上のスタンリー・ラビノウィッツはありとあらゆる種類の問題の絶対王者だった。わたしはラビノウィッツに平面幾何学の難解な定理を教わって、それを数学コンテストの秘密兵器にした。ラビノウィッツは大人になると、マスプロプレスという数学の問題に関する本を専門に扱う出版社を立ち上げた。

高校の2年が終わると、夏休みにブラウン大学のキャンパスで行われた科学プログラムに参加した。工学部の教授に微分積分を習ったわたしは、ブラウン大学に恋をした。高校の最上級で再び微分積分を学び、その年の終わり頃に教科書にあるイプシロン・デルタ論法を理解したときには、自分がずいぶん熟達したものだと感じた。ブラウン大学に入学すると、フランク・M・スチュアート教授から、優秀な2年生向けの講義に登録するための筆記試験としていくつかの問題が送られてきた。イプシロン・デルタになじんでいたおかげで、わたしはその試験に合格した。

スチュアート教授の講義に出席したわたしは、その日のうちに抽象数学の虜になった。大学に入った時点では、大学の教授であるということに関してまるであやふやなイメージしか持っていなかったのだが、数学の教授たちが好きになり、彼らのようになりたいと思った。ブラウン大学では、マイケル・ローゼンとケネス・アイルランドという二人の傑出した人物がわたしのメンターになってくれた。アイルランドはわたしに向かって嬉しそうに次々に指示を飛ばした。わたしが読むべきもの（アンドレ・ヴェイユの論文）、そしてどこを目指すべきか（「ハーバードに行って、テイトと仕事をしなさい」）をきっちり教えてくれたのだ。

わたしは実際にハーバードに行って、ジョン・テイトと仕事をした。ハーバードの大学院で数論幾何学を学んでからというもの、一度も過去を振り返ったことがない。幸運なことに、わたしはまず学生として、さらには現役の数学者として、この分野の何人かの巨人の識見や導きの恩恵に与ってきた。彼らの肖像も、この本のどこかにあるはずだ。

パーシ・W・ダイアコニス　PERSI WARREN DIACONIS

スタンフォード大学の数学と統計のメアリー・V・サンセリ教授
専門：確率論、統計、手品師

　わたしはプロの音楽家の家に生まれ、バイオリンを9年間習った。高校は早くに卒業し、14歳でニューヨークのシティー・カレッジに入った。その直後に、当時アメリカでもっとも偉大なマジシャンとされていたダイ・ヴァーノンに、一緒にツアーに行かないか、と誘われた。わたしは両親にも告げずに家を出て、ここにひじょうに興味深い人生が始まったのだった。マジックをするのは大好きだったし、とても上手だった。新しいネタを考え出してほかの人々に教えるのが、楽しくてしかたなかった。8年ほど経った頃、ある友達にウィリアム・フェラーの確率の本を薦められた。ところがその本を理解できなかったので、大学に戻ることにした。3年足らずで数学の学位を取り、ハーバードの統計プログラムに進学した。1974年には博士号を取り終えて、スタンフォード大学の統計学部の一員となった。

　今でも音楽は大好きだが、なんといっても嬉しいのは、数学の美しい着想が現実世界の問題と出会ってともに解明されたときだ。たとえば、トランプを混ぜるには何回シャッフルすればよいか、という現実世界の問題は、非可換フーリエ解析という分野の片隅の難解な事柄と関係がある。わたしはシャッフルを理解するために、フーリエ変換を学んだ。そしてデヴィッド・ベイヤーと力を合わせて、52枚のトランプのごく普通のリフルシャッフル（半分ずつ手に持って交互に混ぜて行うシャッフル）であれば、7回シャッフルすれば必要十分であることを示した。シャッフルの仕方を変えると、新たな群論が必要になる。そしてその新たな群論が、実は化学の問題に役立つことがわかる、といった具合に展開するわけだ。

　たまに、荒削りなツールを磨いて改良し、一連のまったく異なる問題を合体させてみたら理論が必要になり、その理論を開発したら小さな分野が生まれた、という場合もある。「交換可能性」に関するデヴィッド・フリードマンとの仕事は、そんな感じだった。きっかけは、（ある出来事の確率が1/3であるという表現は、いったい何を意味しているのか、という）哲学的な問題だった。イタリアの哲学者にして数学者でもあるブルーノ・デ・フィネッティの先例にならって、さまざまな特殊例を慎重に解いていったのだが、同じタイプの結果を繰り返し証明するのにうんざりして、抽象的な（そしてまずもって理解できそうにない）一般論をひねり出したんだ。抽象的であることを誇るわけではないが、プロの数学者には抽象がつきものだ。

　統計におけるわたしの人格と数学におけるわたしの人格には違いがあって、たとえば、わたしは何かが具体的な応用にたどり着くのを見定めたいと思う。暗号チップの裏に潜む理論を展開した後で、何千ものチップが製品となってテレビに差し込まれるところを見ると、ほんとうにわくわくする。

　幸いなことに、わたしはすばらしい大学（主としてスタンフォードとハーバード）とつながりを持つことができた。学生たちは、わたしを振り返らせるような「愚かな」質問をすることがある。自分が取り組んでいる分野、つまり（トランプのシャッフルの風変わりなバージョンである）マルコフ連鎖の収束率、交換可能性、確率的数論をざっと振り返ってみて、自分の名前を世に知らしめた仕事の多くが、実は学生たち（とその学生たちと、その……）によって実行されてきたという事実に愕然とする。これは、時にはいらだたしくもあることで、実際今この原稿をある会議の場で書いているんだが、壇上ではわたしのひ孫に当たる学生が、わたしが発明したアイデアをその由来に触れることなく紹介している。

　現時点で、わたしは自分の世界の一つであるマジシャンの世界に劇的な変化が起ころうとしていることに、危機感を募らせている。マジシャンとしてのわたしは、これまでずっと秘密を守ってきた。ところがその多くが、今ではインターネットを通じていつでも誰にでも見えるようになっている。そのせいでほかの秘密もノートから抜け出し、大衆の面前にさらされようとしている。マジシャンという商売に不可欠な素材が、真の意味で永遠に失われたのだ。ひょっとすると、暴露された秘密の量が膨大であるために、そこに紛れている宝石は守られるかもしれず、こうやって秘密がさらされることで、学のある一般の人々も、騒々しいペテン師と鍛錬を積んだ芸術家の違いをきちんと理解できるようになるのかもしれない。だが、これまでわたしの人生の場であった秘密の世界が消えるだけに終わる可能性がもっとも高い。

　わたし自身もこのごたごたに一役買っていて、数学者でジャグラーのロナルド・グラハムとともにある本を書き終えようとしている。暴露を巡る問題の一部は、自分たちが発明したネタを使えば避けられる。わたしたちが説明しているネタには、真に数学的な成分も含まれている。トランプのシャッフルを巡る単純な問いから、数学が二千年かけても答えられなかった領域への道が開けるのは、じつにすばらしいことだと思う。

ポール・マリアヴァン PAUL MALLIAVIN

パリ第6大学ピエール・エ・マリー・キュリー校の名誉教授
専門：確率論、調和解析

　わが一族はインテリで、何世代かにわたって深く政治に関わってきた。本を書いたり、フランスにおいて国家レベルで政治責任を果たしてきたのだ。わたしは、両親や叔父や祖父母の闘志あふれる人生を心から尊敬している。慎重に計画された政治的な提案を通すために戦い、結局は撤回することになったときの彼らの幻滅を、しばしば目の当たりにしてきた。数学を選んだ理由の一つは、真実を発見したとたんに、それが現実のものになるからだ。

　パリのソルボンヌで数学の大学院生としての研究を終えたのは、1946年のことだった。大学院時代のわたしはひじょうに幸運なことに、20世紀初頭からのフランス学派の偉人たちの講義を受けることができた。積分はエミール・ボレルに、幾何学はエリ・カルタンに学んだ。パリでは1947年に新たな「フランス革命」があった。アンリ・カルタンとジャン・フレイが推し進めた革命だ。さらにわたしは、論文に助言をくれたショレム・マンデルブロシュトにとくに多くを負うている。

　マーストン・モースとアルネ・ボーリンは、わたしを数年にわたって（1954-1955, 1960-1961）高等研究所に招いてくれた。これらの滞在が貴重なきっかけとなって、まずはプリンストン、そしてシカゴ、MIT、スタンフォード、ニューヨーク、さらにはバルセロナ、ストックホルム、モスクワ、リスボン、京都、武漢、ピサ、ボンからの数学者たちと長きにわたる交流を確立することができた。そしてこれらの交流のおかげで、ジャーナル・オブ・ファンクショナル・アナリシス〔関数解析雑誌〕という雑誌の発起人に名を連ねることになった。この雑誌は、最近252巻目が刊行されたところだ。

　わたしは、数学が基本的に一つのものだと心底確信している。そして、あまり関係がないように見える分野の間に関係を確立することで数学に貢献できると考えてきた。1954年には、超関数を用いた形式的な関数解析を開発し、フーリエ級数に関するある問題を解いた。そして1972年には、エリ・カルタンの幾何学と伊藤清の確率論をつき混ぜた確率微分幾何学という新たな分野を始めた。1978年にはさらにもう一つ、確率変分法という新たな分野を作り、2001年には、ピエール＝ルイ・リオンに触発されて、金融工学における確率変分法を開発した。そして昨年、確率微分幾何学のツールを用いて、決定論的な非圧縮性流体力学の古典的オイラー方程式に取り組んだ。

　わたしが数学の世界をさまようことができたのは、30歳にして正教授に指名されたからである。そのおかげで、わりと自由な形でキャリアを続けられたのだ。この放浪のなかで一つ難しかったのが、新たな分野に足を踏み入れるにあたって、見慣れないアマチュアではなく同僚、その発表を真摯に受け止めるべき仲間として見てもらうことだった。これについては、ダニエル・ストロークに多くを負うている。彼は広範な研究によってわたしの確率変分法を支え、マリアヴァン解析という名前まで作ってくれた。最後に、わたしが自分の科学的な活動をいかなる政治的地理的事項からも独立したものにしておくよう常に最大限の注意を払ってきたのは、数学が普遍的な真理だと感じているからだ。

ウィリアム・A・マシー　WILLIAM ALFRED MASSEY

プリンストン大学のオペレーションズ・リサーチと金融工学のエドウィン・S・ウィルシー教授
専門：応用確率論、確率過程、待ち行列の理論

両親はともに教育者だった。母ジュリエットはテネシー州チャタヌーガの出身、父リチャードはノースカロライナ州シャーロットの出身で、二人はミズーリ州のジェファーソンシティーにあるリンカーン大学で出会い、わたしはそこで生まれた。母が細かく切った古いカレンダーとプラスチック製の数字で遊ばせてくれてからというもの、わたしは数に夢中になった。

4歳のときに、ミズーリ州セント・ルイスに引っ越した。そしてわたしは、ポスト・スプートニク時代に学齢を迎えた。5年生向けの英才教育プログラムでは、ユークリッド幾何学や底が10とは異なる記数法、n進法に触れた。グラフィックアートに関心があって、自分でもスケッチをしていたので、遠近法や比を使うことの意味はよく理解できた。定規とコンパスだけで正六角形がかけるということを知って、わくわくした。7年生のときに、のちに高校の代数の授業で出会うことになる抽象的な推論を含む試験を受けることになった。その試験で優秀な成績を収めただけでなく、クラスでも抜群の点を取った。そしてそのとき、自分は数学者になりたいんだということに気がついた。学園都市の近郊のセント・ルイスにある高校に入ると、三角法や内積外積があるベクトル、発散や回転を伴う1変数や多変数の微分積分を学んだ。そしてこれらの知識を補完するように、化学や物理の授業で数学的な概念が果す役割の大きさを意識するようになった。

研究者として数学をほんとうの意味で理解し始めたのは、プリンストンの学部学生になってからのことだ。抽象代数と数論を専攻しながら、実解析や複素解析や関数解析をマスターしていった。さらに4年間ずっと物理学の講義を取り続け、科学への関心を保ち続けた。そして最優秀に次ぐ成績で学部を卒業すると同時に、きわめて競争率の高いベル研究所のマイノリティーの理学博士を増やすための研究所特別研究員資格を得た。そこでその資金で、スタンフォード大学の数学における哲学の博士課程に進んだ。

大学院時代の夏をベル研究所で過ごし、そこで応用数学の世界に触れたわたしは、1978年に最初の研究を発表することになった。待ち行列理論への関心が強まったのはベル研にいたときのことだ。待ち行列理論は応用確率論の一分野で、電話システムの設計や性能解析をするために発明された。そしてこの数学からは、情報工学者や経営者がデータに基づいて戦略的意思決定をする際に助けとなる定理や公式やアルゴリズムのツールが生まれてきた。このような情報関連の数学に興味があったので、1981年にスタンフォードで博士号を取り終えると、ベル研究所の数理科学研究センターの技術スタッフとしてフルタイムで働くことにした。

ベル研をベースにしたことは、二つの意味で幸運だった。一つには、そこが情報分野における産業的な研究を牽引しているセンターだったこと。そしてもう一つは、ベル研が20世紀の最後の30年間、相当数のアフリカ系アメリカ人研究者を抱えていたことだ。おかげでそこで働くマイノリティーの科学者やエンジニアたちは、ちょうどハーレム・ルネッサンスがアフリカ系アメリカ人の芸術家や詩人にもたらしたのと同じような目標やプロとしての達成感を得ることができた。2001年にベル研を去ると同時に、プリンストンのオペレーションズ・リサーチと金融工学部門のエドウィン・S・ウィルシー教授職のオファーを受諾した。

数学者としてのわたしは、動的な待ち行列システムの理論を展開することで、独自な貢献を多数行ってきた。古典的な待ち行列モデルでは、コールセンターの呼率は一定と仮定しており、そのため時間均質なマルコフ連鎖の静的な平衡解析を使うことができる。ところが実際の情報システムでは、呼率が時間変動するような待ち行列モデルの大規模な解析が必要になる。わたしはスタンフォードでの博士論文で、このような問題に対処するために、時間非均質マルコフ連鎖のための「一様加速」と呼ばれる動的漸近法を編み出した。さらに、待ち行列ネットワークに関する研究からは、マルコフ過程を部分順序付けされた空間上の確率的順序付けとみなすことで、多次元のマルコフ過程を比較する新たな方法が生まれた。最後に、もっともよく引用されている論文の一つでは、時間変動に対応するコールセンターの動的で最適なサーバーの人員配属スケジュールを見つけるためのアルゴリズムを開発し、これが特許につながった。また、やはりよく引用されている別の論文では、無線通信ネットワークの与えられた負荷のトラフィックに対する時間的空間的な動的モデルを作った。

ハロルド・W・クーン　HAROLD WILLIAM KUHN

プリンストン大学の数理経済学の名誉教授
専門：ゲーム理論、数理経済学

年を重ねるにつれて、自分たちの人生は偶然の出来事やほかの人々の行動によって決まるものだと思うようになった。わたし自身の人生がそのよい証拠。ということで、時間の流れに沿って説明するとしよう。

数学におけるわが人生の口火を切ったのは、ロサンゼルス中南部にあるジェイムズ・A・フォシェイ中学校の電気工作室にいたブロックウェー先生だった。先生は11歳のわたしに対数の奇跡を教え、光を複雑な形でコントロールするための（単極、双極の）スイッチの配置問題を解いてごらん、といった。ところが実はこれらのパズルは、本質的にのちにわたしの研究で中心的な役割を果たすことになる組合せの問題だった。ブロックウェー先生は副業として、ハリウッドの映画スタジオに信頼できるLPのオーディオ装置を提供しており、それもあってわたしは、無線技士になりたいという大志を抱いた。

マニュアル・アーツ・ハイスクールに進むと、今度は大恐慌の時代の教師は安定した職業である、という事実のおかげを被ることになった。高校の化学や物理の先生が博士号を持っていたのだ。物理のペイデン先生はわたしをカリフォルニア工科大学のサイエンス・フェアに連れて行き、電気技師になるためにカリフォルニア工科大学に入る、という願望を吹き込んだ。滑り止めは、カリフォルニアの平均成績がBに達している高校生なら誰でも入れるカリフォルニア大学ロサンゼルス校にした。この大学は土地払い下げ大学だったので、予備役将校訓練団（ROTC）に入らねばならなかったのだが、これはわたしには受け入れがたいことだった。

こうしてわたしは1942年秋に、カリフォルニア工科大学の160人いる新入生の一人となった。しかも、寮に入っていないただ一人の新入生だった。理由は簡単で、家が貧しく、自宅の家賃を払いながらわたしをカリフォルニア工科大学の寮に入れる余裕がなかったからだ。そのため一家そろってパサデナに移り、キャンパスの近くの家を一月25ドルで借りた。父は1939年に深刻な心臓発作を起こしていて、わが家の収入は年間1200ドルの傷害保険だけだった。両親ともに5年生までしか教育を受けておらず、学術に対するわたしの野心は二人にとってまったくの謎だった。わたしはカリフォルニア工科大学で、電気技師を目指すのはやめて、数学と物理の2科目を専攻することにした。そして3年生の半ばの1944年7月に兵隊に取られた。

歩兵隊で基本的な訓練を終えると、日本語を使った軍の専修プログラムに向いているというので、イェール大学に送り込まれた。E. T. ベルとはいくつか同じ講座を取っていて、そのE. T. ベルからオイスティン・オアを紹介された。するとオアは、大学院生向けの抽象代数の講義を聴講してもかまわないとわたしにいった。同じ頃、カリフォルニア工科大学の友達で一緒に兵隊に取られていたアーニー・ローチが負傷疾病による除隊となり、数学の学位を取るためにプリンストン大学に移っていた。わたしはイェール大学から数日間の休みをかすめてローチのもとを訪れ、エミール・アルティンやクロード・シュヴァレーやサロモン・ボホナーの講義に出た。そして、数学の大学院に進むのなら絶対にプリンストンでなくては、と確信したのだった。

1946年に除隊になると、カリフォルニア工科大学に戻り、1947年6月に学部を卒業した。だがその頃には、数学こそが天職だとはっきり自覚するようになっていた。そしてその思いは、カリフォルニア工科大学にフレデリック・ボーネンブルストがいたことでいっそう強まった。ボーネンブルストは、ヘルマン・ワイルによってプリンストンに招聘されてアメリカに移り住むと、19世紀末の英国風の解析学にとらわれていたカリフォルニア工科大学の数学に現代的な視点をもたらし、新たな息吹を吹き込んでいた。そして、わたしがプリンストンに出願する際にも力を貸してくれた。ある週末にうちまで歩いてきて（わが家は貧しくて電話がなかった）、ソロモン・レフシェッツに会わせてあげようといって、家に招いてくれたのだ。レフシェッツは当時、プリンストンの数学科長だった。

こうしてわたしは、回りくどくも幸運に恵まれた道筋を経て、本物の数学者としての訓練に踏み出すこととなった。だがわたしのキャリア形成では、さらにもう一度、運が一役買うことになる。ラルフ・フォックスとともに群に関する（代数的な結果をトポロジーの手法で証明した）論文をまとめ始めるいっぽうで、たまたまアル・タッカーとわたしと同じ大学院生のデイヴィッド・ゲイルとともに、生まれたばかりのゲーム理論の分野と線形計画法との関係を探る夏のプロジェクトに参加したのだ。このプロジェクトによってその後の学術的なキャリアが定まり、数学の経済学への応用がわたしの研究の核となった。

どの数学者にも「お気に入りの子ども」がいる。わたしのお気に入りは、広範なゲームのツリーとしての定式化、ハンガリー法、不動点近似のピボット法、そして代数学の基本定理の初等的な証明で、これらはすべて組合せ論的な問題だから、11歳のときに先生に出されたスイッチの配置問題の一族に含まれていることになる。

アヴィ・ヴィグダーソン　AVI WIGDERSON

プリンストン高等研究所の教授
専門：理論計算機科学、複雑性、暗号

わたしはイスラエルのハイファにある、地中海を見晴らす小さなアパートで生まれた。父はエンジニアで数学が大好きで、わたしと二人の兄弟にしきりと数学を教えたがっていたのだが、ほかの二人よりわたしのほうが数学をしたがった。父が第２次大戦後にイスラエルに持ってきていた古いロシアの本に載っている問題やパズルを、二人で長い時間かけて解いたものだ。

学校では何でもおもしろく学んだが、なかでも数学は格別で、ごく幼い頃から楽しんでいた。兵役を終えると、イスラエル工科大学で計算機科学を専攻することにした。数学を選んだほうが自然だったのだろうが、両親は本物の仕事につながりそうなものを学んだほうがよいと思っていた。当時はわたしも、学者としてのキャリアは考えていなかった。実家の周りにはブルーカラーの人々が住んでいて、小さい頃は学者を一人も知らなかったのだ。

幸いなことに、計算機科学を専攻するにはプログラミングやシステムの講義だけでなく、数学や計算機科学の理論の講座をたくさん取る必要があって、わたしはそれがとても気に入った。同じクラスのほとんどの成績優秀者と同じように、わたしもアメリカの大学の博士課程に願書を出した。そして、計算機科学の大学院生としてプリンストンに入った。その時点でやっと、研究や学者としてのキャリアがどんなものなのかがはっきりしてきた。それはとても魅力的で、わたしにも、自分はこれを生涯やっていきたいんだということがわかった。

理論計算機科学のなかには、自分におあつらえむきの研究分野があった。数学でありながらひじょうに若く、数十年の歴史しかない分野だ。興奮に充ち満ちていて、未解決の基本的な問題がたくさんあって、若くて才能あふれる熱心な研究者が大勢いる。そのうえさらに、外部からの刺激によって、つまりモデリングを必要とする新たな技術や効率的な解が必要な計算上の難問から、新たな問いが生まれ続けている。

わたしや同僚たちが取り組んでいるのがどのようなタイプの問題なのかをのぞき見たいのなら、手元のコンピュータや自分の体（とくに自分の脳）がさまざまな難しい仕事をいかにしてこれほど効率的に遂行しているのかを考えてみるといい。たとえばコンピュータでいうと、MapQuestのプログラムはどのようにして２点間の経路をあんなに素早く見つけるのか、グーグルはどのようにして膨大な情報（という名の干し草）の山からこちらが探している針、つまり特定の情報を瞬時に見つけるのか、といったことだ。ハードウェアが高速だというのは、通常その答のごく一部でしかなく、計算機科学者たちがこれらの問題のために開発した途方もなく巧みなアルゴリズムが、その答の大部分を占めている。そして人間に関していえば、わたしたちの体はどのようにして病気と闘うのか、タンパク質をたたむのか、顔を認識するのか、文を記憶するのかといったことがある。この場合のアルゴリズムは、何十億年もの進化の過程で自然によって発見されたもので、科学者たちはまずその計算プラットフォームをモデル化し、それからこれらの巧みなアルゴリズムを解析して構造を突き止めようとする。

また、重要な問題を解く効率的なアルゴリズムを発見することよりも難しいのが、そのほかの重要な問題に効率的なアルゴリズムが存在し得ないことの証明だ（つまり、これらの問題は本質的に解けない）。この難問は、まだ完全には一般化されていない。しかし、自然な反応はさておき、ある問題が困難であると証明されるのは、必ずしも悪いことではない。計算機科学者たちはこれまでにも、難問を巧みに活用する術を見つけてきた。たとえばコンピュータのセキュリティーがそうで、今日のほぼすべての電子商取引は、たった一つの計算問題が難しいという事実の上に成り立っている。それにしても、その問題はほんとうに難しいのだろうか？

計算を巡る思索は生物学や物理学の科学的理論にとって不可欠で、プライバシーや学習や無作為（ランダムネス）といった基本的な問題にも欠かせない。わたしたちはこれから長い時間をかけて、こういった事柄、さらには計算そのものを理解するためのさまざまな知的挑戦課題に忙しく取り組んでいくのだろう。数学のなかのかくも深く美しく重要でダイナミックな分野で仕事をすることは、わたしにとって尽きせぬ喜びの源だ。

アーリー・ペッターズ　ARLIE PETTERS

デューク大学の数学と物理の教授
専門：数理物理学：光と重力

　ダイヤモンドのようにきらめく星でいっぱいの壮大な夜空を想像してみてください。中央アメリカはベリーズの小さな町ダンリガに暮らす子どもだったわたしにとって、それが夜空だった。宇宙に関する問いをしょっちゅう口にして、それがあまりに頻繁なので、こいつはとりつかれているのかも、と兄たちに心配される始末。ねえねえ、空間は果てしなく続いているの？　宇宙はどうやってできたの？　なぜぼくたちは存在しているの？　神様っているの？　幼いときに経験したこのような宇宙の美と奥深い謎が以来わたしをとらえて離さず、わが知的な旅の方向を決めたのです。

　アメリカに移住したのは、わたしが14歳のときでした。ブルックリンのカナージー高校に2年間通い、ニューヨーク・シティー大学のハンター・カレッジに進学、アインシュタインの理論を学ぼうと思ったのです。ハンター・カレッジでは、5年にわたる数学の短期集中学士修士プログラムに入りました。飛び抜けて優秀な学部生のためのものです。そのいっぽうで物理を専攻し、哲学も学びました。大学での1年目は、個人的には苦難の年でしたが、ジム・ワイチ教授が「マイノリティーの研究職へのアクセス奨励制度」を使ってわたしを救い出してくれました。その後は、一般相対性理論のしっかりした基礎を作るためにがんばったんですが、それでも暇を見つけては、ウェイトトレーニングをしたり、ダンスをしたり、デートをしたり、じつに多様な国々から来たさまざまな人種の学生と交流を深めたりしました。まさに個人的な文化のるつぼにいたといっていいでしょう。

　ハンター・カレッジを出ると、数理物理学に集中するために、マサチューセッツ工科大学（MIT）の博士課程に進みました。資金は、マイノリティー学生のためのベル研究所共同研究奨学金でまかなったんですが、わたしの大学院時代は、実はMITとプリンストンの二つに分かれていました。論文助言者も、MITの数学者であるバートラム・コスタント教授と、プリンストンの宇宙物理学者デイビッド・スパーゲルの二人だったんです。

　大学院に入るとまず、最初の2年間でマスターしたい数学と物理のツールを細かく書き出し、数学の知見と物理の知見の間を自由に行き来する力をつけようと、粘り強い努力を続けました。厳密な議論と発見的な議論の利点を活かすこと。分析論とソフトウェアの技術を活用しながら、延々と続く細かい計算の藪を抜けていくこと。高度に抽象的な数学的推論を実行して、普遍的な広がりを持つ驚くべき論理的真理を明らかにすること。そして、美しい数学の定理、自然な美的バランスがある定理を識別することを目指したのです。

　1991年にMITで博士号を取得すると、そこで2年間教鞭を執り、それから5年間プリンストンで准教授を務め、1998年にデューク大学にやってきました。そして今は数学と物理学の教授をしています。その間に賞をたくさんもらったことを、心からありがたく思っています。これらの業績のおかげで、アメリカやベリーズの多くの若者に、数学や科学のキャリアを追いたいという気持ちを起こさせることができたから。

　わたしが研究しているのは、重力の光への作用、アインシュタインが考えた重力レンズと呼ばれる現象です。光がたくさんの星のそばを通り過ぎるときに受ける影響、重力場が宇宙に作る影、ブラックホールによる光の強い偏差、宇宙にさらなる次元があるという可能性、さらに最近では、宇宙検閲官予想〔仮説とも〕に関する問題など、現在の物理学が瓦解する特異点を調べる際に生じる問題に取り組んできました。学際的な仕事、なかでも光と重力の研究が生み出す、数学と天文学と物理学との相互作用(シネジー)が好きなのです。

　最後に、人からしばしば投げかけられる問い、わたしをこのお話の冒頭に引き戻す、あなたは神を信じますか？という問いについて、コメントしておきましょう。神、愛、瞑想と祈りは、わたしの日々の生活に欠かせないものです。科学的な手法は強力なツールであって、わたしはこのツールを、杓子定規にならないように自分の世界観に組み込んでいます。どの道具にもいえるのですが、この手法にも限界がある。このツールは、「なぜ」ではなく「どうやって」という問いに答えるためのものなのです。「どうやって」の領域に限っても、すべてがわかるわけではない。だから科学的な手法はもちろん重要ですが、実は人間を人間たらしめているもののごく一部としか関わっていない。もしもわたしが、科学があらゆる深遠な存在の謎に迫って解決できるかのように振る舞い始めたら、どうかわたしをきゅっとつねってください！　そしてわたしが目を覚ましたら、愛と許しを込めて、わたしがただの人であることを思い出させてほしいのです。

イングリッド・C・ドブシー INGRID CHANTAL DAUBECHIES

プリンストン大学の数学と応用数学および計算機数学のウィリアム・R・ケナン教授
専門：応用数学、ウェーブレット

生まれも育ちも、ベルギーの炭鉱地帯です。理論物理学を研究していましたので、数学の学位はまったく持っておりません。最初は、数理物理学を研究していました。この分野は基本的に、物理に焦点を当てた数学、あるいは物理に動機を持つ数学といえます。博士号を取って数年が経った頃、自分たちの周りの物理世界を理解するだけでなく、ものを作り出す技術にもなる応用数学に関心を持つようになりました。数理解析は、すでに存在する世界の研究もですが、むしろ別の物を作ることに結びつく場合がある。

そうやって路線を変えてみると、奇妙なことに遭遇しました。わたしは、デジタル信号や画像を解析するための新しいツールであるウェーブレットの基底の構築に貢献したのですが、みんながみんな、これに付随する新たな数学的概念が「構築された」、つまり、最初に発表した数学者が確立したものだと考えたのです。（純粋）数学者は普通、自分の仕事をこんなふうには見ないものです。むしろ、自分たちは新しい領域を見い出す発見者に近いと感じている。「それ」はすでにそこにあって、ただ自分たちはそれを発見しただけだ、と。これにはわたしも考え込んでしまいました。──わたしより「純粋な」数学者がいいたいことは、よくわかります。なぜなら、わたしもそういう経験をしてきましたから。それまでに観察してきたたくさんの事柄を説明しうる完璧な構造をついに理解して、驚異の感覚を味わう。以前行った仕事でもそう感じたことがありますし、ほかの多くの数学者たちも、あの仕事が一つの「発見」であるということで意見の一致を見たに違いない。ウェーブレットの仕事でも、わたしはまったく同じように感じていました。──ところがこの場合は、ほとんどの数学者が発見ではなく「構築」だと見た。この謎がきっかけで、わたしは数学のこの二つの分野のどこに境界線があるのかを知りたいと思うようになりました。その境界はいまだ見つからず、今となってはそのような境界は存在しないと確信しています。わたしたちの数学は、すべて構築されたものなのです。この世界について考えるために、自分たちが構築したもの。さらにいうと、数学的思考こそが、人間が観察したものを論理的に考えるための唯一の方法なのです。この世界を経験してこの世界とやりとりする方法は、ほかにもいろいろあります。感情や感覚的な喜びとより強く関係する方法、愛や芸術のようなすばらしいものにつながるやり方があるのです。けれども論理的に考えようとすると、基本的に、その本質が数学であるようなものに戻っていくことになる。ですからわたしは、ガリレオに全面的に賛成ではありません。自然という書物は数学で書かれているわけではない。むしろ数学は、わたしたちが知っている、自然を論理的に説明するための唯一の言語なのです。わたしたちは論理的思考と呼ばれる活動が好きです。何かを理解できると嬉しい。だからこそ、数独やルービックキューブのような数学パズルがここまで人気を博すのです。だからといって、誰もが等しく高等数学を楽しめるわけではありません。数学を好み、数学に優れ、そしてプロの数学者になるのには、プロの運動選手になるのと似たところがあります。でも、神秘的な才能がなければ数学を「獲得」できないわけではない。ちょうど、プロの選手でなくてもスポーツを楽しみ、練習に励めるように。

わたしがこれまでに取り組んできた問題の多くに、実は「疎」という性質があったことが明らかになってきました。どういうことかというと、その対象について投げかけられるいくつかの質問があって、数個の（たとえば10個としましょう）質問の答えさえ得られれば、未知の対象の正体が完璧にわかるような方法があることがわかっている。ただし、それらの問いは正しい10問でなければならず、それでいて、目の前の具体的な問題の場合にどの質問が正しいのかをあらかじめ知ることはできない。正しい問いは、考えうる質問のどれでもありうるのです。その場合に、あらかじめ20個の問いを選んで固定しておいて、具体的な対象に関する正しい10個の問いが何なのかとは無関係に、固定した20個の問いの答えに基づいて、任意の未知で疎な対象に関する正確な記述が必ず得られるようにできるか、という問題があります。計算機科学者たちは少し前に、このタイプのいくつかの問題の解き方を突き止めました。そしてその知見を使って、たとえばインターネットの検索エンジンのアルゴリズムを設計しているのです。技術が発達して自分たちの手に負えないくらい大量の測定結果を集めることができる今日、さまざまな分野で同じようなタイプの問いが生まれています。現在わたしと学生たちが参加している三つの共同研究は、地球物理学と生物学と神経科学というまるで別の分野の研究でありながら、そのすべてにこのような疎問題が現れています。これらの新たな問題を扱うことができるアルゴリズム、それも高速なアルゴリズムを開発することが重要です。これらのアルゴリズムがみなさんが関心を持ちそうなすべての解の候補で収束することを証明するには、従来応用数学で使われてきたのとはまるで別の数学の分野が必要なので、わたし自身もまったく新しい思考法を学ぶ必要がある。それもあって、わたしは応用数学が大好きなのです。問題によってある程度まで学ぶべき数学の分野が決まり、往々にして新たな素材を学ぶ必要が出てくる、そこが楽しい。新たな障害物の周囲に集中して、新しいパターンをマスターする術を身につけるのです。

$$x^{n+1} := \underset{z \in \mathcal{J}(y)}{\operatorname{argmin}} \sum_\ell z_\ell^2 \frac{1}{\sqrt{(x_\ell^n)^2 + \varepsilon_n^2}}$$

$$x := \underset{z \in \mathcal{J}(y)}{\operatorname{argmin}} \sum_\ell |z_\ell|$$

$$\operatorname{supp} x = T$$

$$\ell \in T, n \text{ suff. large} \Rightarrow \operatorname{sign}(x_\ell^n) = \operatorname{sign}(x_\ell) =: \sigma_\ell$$

ロジャー・ペンローズ　SIR ROGER PENROSE

オックスフォード大学のラウズ・ボール名誉教授
専門：数理物理学、幾何学

　数学へのわたしの気持ちを最初に強く刺激したのは、父のライオネル・ペンローズだった。父は精神疾患の遺伝を専門とする医師で、のちにユニバーシティー・カレッジ・ロンドンの人類遺伝学の教授になった。クエーカー教徒の家に生まれ、ひじょうに多才で、父の父はプロの画家だった。父はパズルやチェスや絵画、音楽、生物学、天文学、そして数学を大いに楽しんでいた。父と母と兄と弟と、そしてずっと後になってからは妹もともに、幾度となく田園地帯を歩き回ったものだ。父にすれば、それらの散歩は自然について説明する絶好の機会だった。

　兄弟は二人とも、熟練のチェスプレイヤーだった（弟のジョナサンは、10回英国チェス・チャンピオンになったという記録の持ち主だ）。父や兄弟との散歩では、兄弟の片方がはるか先を行き、もう一人がずっと後ろを行き、父がその中間を歩いているのに気づいたことが幾度かあった。3人は頭のなかで、クリーグスピール〔ウォー・シミュレーションゲーム〕をやっていたんだ。これはチェスの一種で、二人の対戦者（この場合は兄弟）は自分の駒の場所だけを知っていて、相手が正しい動きをしているという前提のもとで、相手の駒の位置を推理する。すべての駒の配置を知っているのは審判（この場合は父）だけだった。わたしはといえば、兄から父へ、父から弟へと（指示された）動きを伝えるただの使い走りだった。真剣な精神活動とはいえないが、よい運動にはなった！

　父の仕事には数学（主に統計）が欠かせなかったが、それよりも印象的だったのが、数学を楽しむ父の姿だった。まだうんと幼い頃（10歳くらいだったろうか）に、父に正多面体や半正多面体のことを教わって、一緒にたくさんの模型を作った。16歳頃にあったある出来事には、とくに強く心を打たれた。父に明日から学校で微分積分の授業が始まるんだ、と話したところ、なぜかぎょっとした父が、すぐさまわたしを部屋に連れて行って、微分積分の本質や美しさを巧みに示してみせたのだ。わたしの心に何より強く刻まれたのは、このテーマの深さや美しさをわたしに紹介するのは自分の役割だ、という父の熱意だったのだと思う。そしてわたしは、数学がいかに尊いものなのかを実感した。皮肉なことに、後になってわたしが（ユニバーシティー・カレッジ・ロンドンで）数学を研究することを決めると、父ははじめは反対した。数学者としてのキャリアは、ほかの科学分野の技能を持たない人間のためのものだと思っていたんだ！

　やがて純粋数学（代数幾何学）をするためにケンブリッジの大学院に進んだのだが、そこで、ヘルマン・ボンディによる一般相対性理論および宇宙論の講義やポール・ディラックによる量子論の講義、さらにはデニス・シャマの暖かい友情に触発されて、理論物理学に舵を切った。ケンブリッジでの幅広い出会いの影響と、さらには生涯にわたって父や兄オリヴァーからさまざまな情報を得てきたおかげで、わたしは物理学の基本的な問いに対してかなり一匹狼的なアプローチを展開することになった。アインシュタインの一般相対性の曲がった時空間理論にとくに魅力を感じて、今日「ブラックホール」と呼ばれているものの内部の特異点（極端すぎて、現在の物理学としては「お手上げ」な状況）が必然的に生じることを示すための幾何学的手法を開発した。その後これらの技法を受け入れたのが、スティーヴン・ホーキングだったんだ。

　わがツイスター理論の導入の核になっているのは幾何学的な着想で、この理論では時空間と量子物理学を独特の視点から解析する。さらに、宇宙論に関する最近のわたしの提案のなかにも、幾何学的な着想を核にしたものがある。

　研究でも説明でも、わたしにとって図を書くことは常に重要だった。そのおかげで、下の図のように全平面をまったく繰り返しなしに敷き詰める（ペンローズタイルとも呼ばれる）一連の幾何学図形を作り出すことができた。

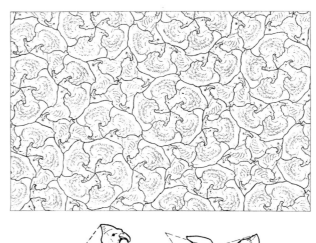

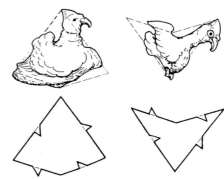

ロバート・E・タージャン　ROBERT ENDRE TARJAN

プリンストン大学の計算機科学のジェームズ・S・マクドネル特別全学教授、ヒューレット・パッカード研究所のシニア・フェロー
専門：理論計算幾科学

わたしは1948年にカリフォルニア州ポモナで生まれた。父は発達障害者のための州立病院の院長で、わたしは大学に入るまで、病院の敷地内で暮らしていた。患者さんはとてもいい人たちだったけれど、学校では、きみは賢いけどあまり賢くない人たちがいるところに住んでいるんだな、といってからかわれた。子どもの頃にSFを読み、科学、なかでも天文学に興味を持った。そして、最初に火星に降り立つ人物になることがわたしの目標になった。7年のときに、サイエンティフィック・アメリカンに載っていたマーティン・ガードナーの数学ゲームに関するコラムを何本か読んだ。わたしもだが、それらの記事に触発されて数学に関心を持つようになった子は多かった。公立学校の8年と9年では、すばらしい数学の先生に出会った。その先生は「新しい数学」が好きで、世間で人気が出る前から（その後人気がなくなったのだが）、ニュー・マスを取り入れていた。先生が教えてくれた公理や証明をはじめとする形式的な数学に、わたしは大いに胸を躍らせた。

高校時代には夏休みの科学プログラムに参加して、小惑星の軌道を計算した。そのときにコンピュータに触れたのだが、さらに州立病院の研究ラボで働いているときも、コンピュータに触れるチャンスがあった。当時のコンピュータは冷蔵庫くらいの大きさで、パンチカードか穴を開けた紙テープでプログラミングを行っていた。初めてプログラムを作ったときは、アセンブリ言語を使った。初期の高度なコンピュータ言語であるフォートランは、まさに天啓だった。残念ながら、小惑星の軌道計算ではタイプライターくらいの大きさの機械式計算機を使うしかなく、当時これは辛い作業だった。

大学は、カリフォルニア工科大学の学部で数学を専攻した。さまざまな大学の計算機科学と数学の大学院に出願し、結局はスタンフォードで計算機科学の博士号取得を目指すことになった。こちらとしては人工知能を研究するつもりだったのだが、実際には組合せ論的アルゴリズムの設計と分析を研究することになった。以来この分野で仕事を続けている。

わたしの仕事の目標は、コンピュータでさまざまな計算問題を解くための段階的なレシピ（アルゴリズム）を作り出すことだ。わたしが研究している問題には、数よりも入力データの配置やパターンが関係している。たとえば、道路網の点Aから点Bまで行く最短経路を見つけるといった問題がそうで、この問題でもっとも重要なのは道路網の構造だ。経路の長さは、その経路を構成する断片的な道の長さの和でしかない。このような問題を解くには、たとえば経路の候補をすべて挙げて、そこから最短のものを選ぶという方法がある。ところが道路網がどんな大きさであっても、候補になる経路が多すぎて、最速のコンピュータを使ったとしてもこの手法を実行することはできない。その他の方法、はるかに迅速なやり方として、点Aから出発して絶えずAにもっとも近い点に進むようにして最後は点Bにたどり着く、というふうにネットワークを貪欲に探索する方法がある。このような探索を効率的に行うには、絶えずすでに到達した点と隣の点とその距離の記録をつけておく必要がある。わたしはある同僚と協力して、そのためのとくに効率的な方法を開発した。

このような問題を解くには、正しいアルゴリズムを設計して、データを注意深く構造化する必要がある。問題を解くのに必要な情報は、容易にアクセスできて、解の処理過程が始まったら容易に更新できるような形で蓄積しておかねばならない。問題が異なれば必要なデータの構造化も変わってくるが、ここ50年ほどの研究で、さまざまな人がこれらの問題に共通のテーマを明らかにしてきており、アルゴリズム設計とデータの構造化の状況はかなりよく理解されている。アルゴリズムのパフォーマンスの解析はきわめて高度になっており、数学のさまざまな分野のツールが使われている。このような進展にもかかわらず、アルゴリズムの設計や解析は今も心躍る分野で、今後すぐにおもしろい問題が不足するということはまずないはずだ。

現在わたしは、自分の時間をプリンストンとヒューレットパッカードに振り分けている。おかげで、大学という象牙の塔を現実の一滴によって少しずつ染めるチャンスがある。それに大学では、聡明で熱心な若者とともに仕事をする機会、自分の分野の圧倒的な美しさを彼らに伝えて、彼らとともに発見のスリルを分かち合う機会がある。いっぽうで産業研究では、わたしの着想を現実世界に移すチャンス、実際にはどのような方法が有効なのか、実践とよりよくマッチさせるために理論をどのように変えるべきなのかを探る機会がある。産業はまた、解決すべき新たな問題の豊かな源でもある。わたしの目標は一貫して、理論によって正当化された簡単かつ効果的に実践できる、ようするにエレガントなアルゴリズムの開発にある。

デイヴィッド・H・ブラックウェル　DAVID HAROLD BLACKWELL

カリフォルニア大学バークレー校の名誉教授
専門：数理統計

わたしはイリノイ州のセントラリアという町で育った。町の主な産業は鉄道と炭鉱だった。セントラリアの黒人は全員、1912年か1919年にイリノイ・セントラル鉄道のスト破りとしてこの町にやってきた。父は鉄道で働いており、わたしは労働組合への偏見のなかで育った。なぜなら、そもそも父は組合と対立したおかげで職を得ることができたのだから。

わたしは常にクラスでいちばん賢い男の子だったが、さらにその上に3、4人の女の子がいた。唯一誰にも負けないのが、数学だった。とくに、高校の幾何学が大好きだった。三角形（ただの架空の三角形）を一つ持ってきて、別の三角形の上に置いて、ぴたりと重なるかどうか見てみる。なんて美しいんだろう。それまでそんなものにはお目にかかったことがなかった。数学では、ほんとうでありながら自明でないことが発見できる。

よく大人がわたしのところにやってきて、ぽんぽんと軽く頭をたたき、将来何になるんだい？と尋ねた。わたしは、先生になるといっておけば、相手はその答えを受け入れて満足そうに立ち去るものだということに気がついた。そして、父の友人に大学を出たら教師の仕事を回してあげる、といわれたこともあって、自分は学校の先生になりたいんだと思うようになった。それで一件落着。なぜなら1920年代から30年代初頭の大恐慌の時代には、職を得られるということがきわめて重要だったから。わたしは小学校の先生になるはずだった。ところがイリノイ大学で数学を専攻するうちに、高校の先生になりたいと思うようになった。それからさらに自分の考えに修正を加えていって、最後には、学部の数学の先生になることを決意した。そして学部を卒業すると、これはある意味正しかったのだが、自分にチャンスがあるとしたら、それは黒人学校に限られると考えた。1941年には黒人大学が105校あった。わたしは出願書類を105通書いて、3校から入学許可をもらった。黒人学校以外には見向きもしなかった。肌が黒いということは、そういうことなんだ。わたしの最初の三つの職場は黒人学部だった。それからバークレーに来て、以来ずっとここにいる。わたしは数学を教えることを大いに楽しんできた。

それに、研究もかなりした。研究をするつもりはなかったんだが……。最初は、何かを学んで、ほかの人が成し遂げたことを理解するのが好きだった。ところがほかの人の業績を理解しようと努めるうちに、何かほかの観点が得られて、その人たちが解いていない問題を思いつくことがあった。そこでそれについて調べる。わたしは80本ほどの研究論文をまとめ、発表している。論文の起源や焦点はそれぞれ異なっていると思うんだが、6本ほどを除くと、残りはすべて確率に関する論文だ。

70歳になって、教えることをやめた。続けてよいといわれればそのまま続けたのかもしれないが、それは間違いだったろう。考える力もエネルギーも落ちてきていたから。次に移る潮時がわかるのはよいことだ。先日、自分が昔書いた論文を見つけたんだが、ほとんど理解できなかった。それで思った。「おやまあ、この男は優秀だなあ。いったいどうやってこんなことを考えたんだ？」。心は変わるものだ。自分がしてきたことを見て、すごいと思う。わたしはとても幸運だった。

おわりに ── ブランドン・フラッド

　この本がこのような形で現実のものとなったのも、マリアナ・クックとその夫のハンス・クラウスに出会うというすばらしいチャンスに恵まれたおかげだ。わたしたちは意気投合した！　マリアナは、すでに刊行されていた著名な科学者たちの写真集を送ってくれて、わたしはすぐに、数学者でも同じことをしたらどうかと提案した。マリアナは、そのアイデアが気に入った！
　偉大な数学者たちはたいていほかの人とは違うと思われているが、むろん彼らもほかのみんなと同じ人間だ。数学に秀でるには、ある種のやり方で集中する力、自分の周囲の事柄に気を散らされずにいる力、そしてほかの人々が「ぶっ飛んでいる」といいそうな可能性を想像する力など、人とは違う能力がいくつか必要なのだろう。とはいえ彼らも普通の人間で、結婚し、クラブを作り、選挙で投票し、子どもがブランコに乗れば後ろから押してやる。では、どのくらい違うのか。そもそも違うといえるのか。この美しい本は、これらの問いの一部に答えている。ここにある肖像を見れば、数学者たちがわたしたちとどれくらい似ているか、互いにどれくらい違っているのかがわかる。顔の表情やポーズから、その人柄を垣間見ることができる。写真とその隣にある文章からは、一人ひとりに固有の資質が伝わってくる。ちなみに文章は、数学者本人によるものか、数学者との一対一での会話に基づいてマリアナ・クックが注意深くまとめたもので、どれ一つとして同じものはなく、それぞれが特別な何かをとらえている。
　マリアナにこのような写真を撮ってくれるよう頼んだ理由はたくさんある。わたしはいつだって数学が大好きだった。問題を解きたくてしかたがない。問題に捕まって、そこから逃れられなくなる。問題にとりつかれて、なんとしても答えを突き止めようとするのだ。物事の関係を理解するのが大好きで、そうせずにはいられない。とにかくそういう人間であるらしい。大学で数学を専攻することは、ずっと前からわかっていた。わが数学生活はコロンビア大学で始まりプリンストンで終わったのだが、そこには伝説的な人々が大勢いて、「これって信じられる？」といいたくなる物語がたくさんあった。バート・トタロはプリンストンの学部に最年少で入学を許され、ジョン・ミルナーはおよそ取りうるすべての数学の賞を取った。さらにチャールズ・フェファーマンは、24歳にしてプリンストンの終身教授の資格を得た！　これらの人々は、長らくわたしの前にそびえ立ってきた。ちょうど、ほかの大勢の人たちの前に野球のスター選手やロックスターがそびえ立っているように。わたしは心の片隅で、この人たちのほうが自分より遠くを見通せるのはなぜなんだろう、と不思議に思っていた。以前、代数幾何学の分野に革命を起こしたアンドレ・ヴェイユとともに午後を過ごしたことがあって、そのときに成功の秘訣を尋ねてみると、「本来の年齢よりも若いときに、理解できるはずがないとされていたことを理解できたから」という答えが返ってきた。つまりヴェイユにも、自分がどうやったのかはわかっていなかったのだ。どちらの側にも謎はある。
　わたしはそれから医学校に進み、さらに投資の世界に入った。そしてキャリアのほとんどを、バイオテクノロジー関連のヘッジファンドの運営に費やしてきた。新たな製品が臨床実験で成功するかどうか、アメリカ食品医薬品局（FDA）の承認を得られるかどうかといったことに賭けるのだ。その際の分析には、数学をしていたときに学んだ概念をたくさん使う。多くの場合、このようなアプローチのおかげで、データが手に入る前にきわめて強力な結論を出すことができた。そうなれば大きな賭けに出ることができるわけで、実際13年以上にわたってヘッジファンドを運営するなかで、幾度かかなりの金銭的成功を収めた。それでも心の片隅には、偉大な数学者──この本に登場するような数学者になれるだけの力があればよかったのに、という思いがある。わたしのような人は大勢いるはずだ。この本がきっかけとなってみなさんにも数学を改めて見直し、その可能性や数学がもたらす興奮を理解していただければと願っている。わたしたちは、数学が「難しく」、ごく少数の特別な人のためのものだという型通りの考え方を乗り越える必要がある。
　この本をまとめるにあたって、多くのすばらしい方々が手を貸してくださった。ここでは一人ひとりに感謝するのではなく、それぞれがご自分のことはよくおわかりだと思うので、みなさんにまとめて謝意を表したい。ありがとう！

数学者の一覧

キャレン・K・アーレンベック 44

アダビシ・アグブーラ 146

マイケル・F・アティヤ 30

マイケル・アルティン 16

サタマンガラム・R・S・ヴァラダン 136

アヴィ・ヴィグダーソン 184

マリー=フランス・ヴィニェラ 138

ミシェール・ヴェルニュ 140

ノーム・D・エルキーズ 158

ジョージ・O・オキキオル 96

キャサリーン・A・オキキオル 98

アンドレイ・オクンコフ 14

ロビオン・カービー 62

フランシス・カーワン 60

ロバート・C・ガニング 106

ニコラス・M・カッツ 172

アンリ・カルタン 68

レオナルト・A・E・カルレソン 102

ウィリアム・T・ガワーズ 100

ハロルド・W・クーン 182

フィリップ・グリフィス 48

ベネディクト・H・グロス 160

ミハイル・L・グロモフ 34

ヤノス・ケラー 22

イズライル・M・ゲルファント 132

ケヴィン・D・コーレット 36

ジョセフ・J・コーン 110

バートラム・コスタント 78

ジョン・H・コンウェイ 18

アラン・コンヌ 130

ウィリアム・P・サーストン 76

ドン・ザギエ 162

デニス・P・サリヴァン 86

ピーター・C・サルナック 150

ヤコフ・G・シナイ 92

ジェームズ・H・シモンズ 46

ヤム=トン・シュウ 116

ヴォーン・F・R・ジョーンズ 134

イサドール・M・シンガー 32

エリアス・M・スタイン 108

スティーヴン・スメイル 88

ジャン=ピエール・セール 144

マーカス・デュ・ソートイ 148

ロバート・E・タージャン 192

パーシ・W・ダイアコニス 176

テレンス・タオ 104

サン＝ヤン・アリス・チャン 38	マイケル・フリードマン 72
ガン・ティアン 50	アーリー・ペッターズ 186
ジョン・T・テイト 170	ロジャー・ペンローズ 190
バート・トタロ 64	リチャード・E・ボーチャーズ 24
サイモン・ドナルドソン 66	エンリコ・ボンビエリ 154
イングリッド・C・ドブシー 188	マーガレット・D・マクダフ 74
ピエール・ドリーニュ 156	ロバート・D・マクファーソン 70
ジョン・F・ナッシュ・ジュニア 42	カーティス・マクマレン 84
ルイス・ニーレンバーグ 118	ジョン・N・マザー 80
エドワード・ネルソン 12	ウィリアム・A・マシー 180
ブライアン・J・バーチ 28	ポール・マリアヴァン 178
ジョアン・S・バーマン 58	ブノワ・マンデルブロ 94
マンジュル・バルガヴァ 168	デヴィッド・マンフォード 26
フリードリッヒ・E・ヒルツェブルフ 20	マリアム・ミルザハニ 82
広中平祐 52	ジョン・W・ミルナー 56
広中えり子 54	バリー・メイザー 164
ゲルト・ファルティングス 152	キャスリーン・S・モラヴェッツ 126
チャールズ・L・フェファーマン 112	シン＝トゥン・ヤウ 40
ロバート・フェファーマン 114	ピーター・D・ラックス 128
フェリックス・E・ブラウダー 122	マリナ・ラトナー 90
アンドリュー・ブラウダー 124	ロバート・P・ラングランズ 142
ウィリアム・ブラウダー 120	ケネス・リベット 174
デイヴィッド・H・ブラックウェル 194	アンドリュー・J・ワイルズ 166

謝辞

　これらの数学者の肖像写真を撮ることを勧め、また、かくも寛大にプロジェクトを支えてくれたブランドン・フラッドには、ほんとうにお世話になりました。プリンストン大学出版会の担当編集者、ヴィッキー・カーンの熱意はすばらしく、おかげでこの本はエレガントで完璧なものになりました。デビー・バーンは、この本のデザインのあらゆる局面で創意工夫をこらしてくれました。ともに仕事をしていて、とても楽しかった。アシスタントのトレラン・スミスの貴重な助けと一貫した上機嫌に、たくさんの感謝を。そして最後になりましたが、夫のハンス・クラウスとわたしたちの娘であるエミリーの愛と励ましに、心からありがとう。

MATHEMATICIANS

2019 年 7 月 16 日　第 1 版第 1 刷発行
2019 年 8 月 7 日　第 1 版第 2 刷発行

写真　　　　　　マリアナ・クック
訳者　　　　　　冨永星

編集担当　　　　福島崇史（森北出版）
編集責任　　　　石田昇司（森北出版）
組版・印刷・製本　藤原印刷

発行者　　森北博巳
発行所　　森北出版株式会社
　　　　　東京都千代田区富士見 1-4-11（〒 102-0071）
　　　　　電話 03-3265-8341／FAX 03-3264-8709
　　　　　https://www.morikita.co.jp/
　　　　　日本書籍出版協会・自然科学書協会 会員

JCOPY （一社）出版者著作権管理機構 委託出版物
本書の無断複製は、著作権法上での例外を除き禁じられています。複製される場合は、そのつど事前に、出版者著作権管理機構（電話 03-5244-5088、FAX 03-5244-5089、e-mail: info@jcopy.or.jp）の許諾を得てください。

● 本書のサポート情報を当社 Web サイトに掲載する場合があります。https://www.morikita.co.jp/support/ にアクセスし、サポートの案内をご覧ください。
● 本書の内容に関するご質問は、森北出版 出版部「（書名を明記）」係宛に書面にて、もしくは editor@morikita.co.jp までお願いします。なお、電話でのご質問には応じかねますので、あらかじめご了承ください。
● 本書により得られた情報の使用から生じるいかなる損害についても、当社および本書の著者は責任を負わないものとします。
● 本書の無断転載は禁じられています。また、本書を代行業者等の第三者に依頼してスキャンやデジタル化することは、たとえ個人や家庭内での利用であっても一切認められておりません。
● 落丁・乱丁本はお取替えいたします。

版権取得 2017
Printed in Japan
ISBN 978-4-627-01791-7